DELIUS KLASING

Bernd Wiersch

VOLKSWAGEN TYPENKUNDE

1974 bis 1993

Delius Klasing Verlag

In dieser Buchreihe sind erschienen:
Audi Typenkunde (in 2 Bänden)
BMW Typenkunde
Citroën Typenkunde
Ford Typenkunde
Mercedes Typenkunde (in 3 Bänden)
Opel Typenkunde (in 2 Bänden)
Porsche Typenkunde
Volkswagen Typenkunde (in 2 Bänden)
Volvo Typenkunde

Bibliografische Information der
Deutschen Nationalbibliothek
Die Deutsche Nationalbibliothek verzeichnet diese Publikation in der Deutschen Nationalbibliografie; detaillierte bibliografische Daten sind im Internet über http://dnb.d-nb.de abrufbar.

1. Auflage
ISBN 978-3-7688-3279-3

Fotos
Alle Fotos ohne Quellenangabe:
Volkswagen AG / Stiftung AutoMuseum Volkswagen

Lektorat: Felix Wagner
Einbandgestaltung: Gabriele Engel
Gesamtherstellung: DZA Druckerei zu Altenburg GmbH, Altenburg
Printed in Germany 2011

Delius Klasing Verlag, Siekerwall 21,
D - 33602 Bielefeld
Tel.: 0521/559-0, Fax: 0521/559-115
E-Mail: info@delius-klasing.de
www.delius-klasing.de

Literatur
Boschen, Lothar:
Das große Buch der Volkswagen Typen,
Motorbuch Verlag, Stuttgart 1986
Decker, Theo:
VW Golf, Variationen einst und heute,
ACB Verlag, Heiligenhaus, ö. J.
Fuths, Thomas:
Golf, Fünf Generationen eines Welterfolges
Delius Klasing Verlag, Bielefeld 2006
Hormann, Heinz; Grützner, Georg; Hack, Joachim:
Das große VW-Corrado-Buch,
Heel-Verlag, Königswinter 1992
Kiefer, Jonas:
VW Typenatlas,
Delius Klasing Verlag, Bielefeld 2001
Oswald, Werner:
Deutsche Autos 1945 – 1975,
Motorbuch Verlag, Stuttgart 1977
Wiersch, Bernd:
Die Käfer-Chronik,
Delius Klasing Verlag, Bielefeld 2005
Pressemappen der verschiedenen Modelljahre der Volkswagen AG

Inhalt

Vorwort . . . 7

1974: Ein Krisenjahr . . . 8
- Modellpflege . . . 8
- VW Typ 1 . . . 8
- VW Typ 4 . . . 10
- VW Passat . . . 10

1975: Der VW Polo . . . 11

1975: Modellpflege . . . 15
- VW Typ 1 . . . 15
- VW Passat . . . 15
- VW Golf . . . 16
- VW Scirocco . . . 17

1976: Modellpflege . . . 18
- VW Typ 1 . . . 18
- VW Passat . . . 19
- VW Golf . . . 20
- VW Scirocco . . . 24
- VW Polo . . . 25

1977: Der VW Derby . . . 27

1977: Modellpflege . . . 29
- VW Typ 1 . . . 29
- VW Passat Facelift . . . 29
- VW Golf . . . 31
- VW Scirocco Facelift . . . 32
- VW Polo . . . 32

1978: Modellpflege . . . 33
- VW Typ 1 . . . 33
- VW Passat . . . 34
- VW Golf Facelift . . . 34
- VW Scirocco . . . 35
- VW Polo Facelift . . . 36
- VW Derby Facelift . . . 37

1979: Der VW Jetta, ein neues Modell der Mittelklasse . . . 38

1979: Modellpflege . . . 41
- VW Typ 1 . . . 41
- VW Passat . . . 41
- VW Golf . . . 42
- VW Golf Cabrio . . . 43
- VW Scirocco . . . 44
- VW Polo . . . 45
- VW Derby . . . 45

1980: Modellpflege . . . 46
- VW Typ 1 . . . 46
- VW Passat II . . . 46
- VW Golf . . . 51
- VW Jetta . . . 51
- VW Scirocco . . . 51
- VW Polo . . . 51
- VW Derby . . . 51

1981: Formel E . . . 52

1981: Modellpflege . . . 53
- VW Typ 1 . . . 53
- VW Passat . . . 54
- VW Santana . . . 54
- VW Golf . . . 55
- VW Jetta . . . 55
- VW Scirocco II . . . 56
- VW Polo II . . . 59
- VW Derby . . . 61

1982: Modellpflege . . . 63
- VW Typ 1 . . . 63
- VW Passat/VW Santana . . . 64
- VW Golf . . . 65
- VW Jetta . . . 65
- VW Scirocco . . . 65
- VW Polo II . . . 66
- VW Derby . . . 67

1983: Modellpflege 68
VW Typ 1 68
VW Passat 69
VW Golf II 70
VW Jetta 74
VW Scirocco 74
VW Polo 74
VW Derby 74

1984: Modellpflege 75
VW Typ 1 75
VW Passat 76
VW Golf 78
VW Jetta II 79
VW Scirocco 82
VW Polo 82

1985: Modellpflege 84
VW Typ 1 84
VW Passat 85
VW Golf/VW Scirocco 86
VW Jetta 89
VW Polo 90

1986: Modellpflege 92
VW Passat 92
VW Golf 94
VW Jetta 96
VW Scirocco 98
VW Polo 99

1987: Modellpflege 100
VW Passat 100
VW Golf 101
VW Jetta 101
VW Scirocco 102
VW Polo 102

1988: Modellpflege 103
VW Passat 103
VW Golf 104
VW Jetta 106
VW Scirocco 106
VW Polo 107

1989: VW Corrado 108

1989: Modellpflege 111
VW Passat 111
VW Golf 114
VW Jetta 115
VW Scirocco 115
VW Polo 116

1990: Modellpflege 117
VW Passat 117
VW Golf 118
VW Jetta 119
VW Scirocco 119
VW Corrado 120
VW Polo 120

1991: Modellpflege 121
VW Passat 121
VW Golf III 121
VW Jetta 126
VW Scirocco 126
VW Corrado 126
VW Polo 127

1992: VW Vento 129

1992: Modellpflege 132
VW Passat 132
VW Golf 132
VW Scirocco 133
VW Corrado 133
VW Polo 134

1993: Modellpflege 135
VW Passat 135
VW Golf 137
Golf Ecomatic 138
Golf Variant 139
VW Vento 141
VW Corrado 142
VW Polo 143

Ausblick 144

Vorwort

Der erste Band der Volkswagen-Typenkunde umfasste den Zeitraum von 1945 bis 1974. In diesem Zeitraum agierte das Volkswagenwerk nicht nur als einer der erfolgreichsten Automobilhersteller weltweit, sondern musste gerade in den letzten Jahren auch eine lebensbedrohliche Krise überstehen.

Die weltwirtschaftlichen Voraussetzungen für die Automobilindustrie hatten sich durch eine Verknappung des Rohöls und dadurch drastisch gestiegene Treibstoffpreise dramatisch verändert. Das Volkswagenwerk traf diese Entwicklung umso härter, als dass das existierende Modellprogramm technisch und wirtschaftlich nicht mehr zeitgemäß war und die neuen Modelle sich noch in der Entwicklung befanden.

Mit einer ungeheuren Kraftanstrengung, die die technischen und wirtschaftlichen Kapazitäten des Unternehmens zu überfordern drohten, gelang es Volkswagen ab 1973, zunächst den Passat und ein Jahr später den Scirocco sowie den Golf auf den Markt zu bringen. Diese Wagen hatten die richtige Technik, eine fortschrittliche Optik, waren wirtschaftlich und kamen gerade noch zur rechten Zeit, um das Überleben des Unternehmens zu sichern.

So umfasst dieses Typenbuch die Zeit des Umbruchs bei Volkswagen bis hin zur Entwicklung eines breit gefächerten Modellprogramms. Die neuen Fahrzeuge setzten in ihren Klassen wieder Maßstäbe für den Automobilbau schlechthin und bildeten die Messlatte, an der sich der Wettbewerb messen lassen musste. Diese Entwicklung drückt sich speziell in dem Begriff »Golfklasse« für Kleinwagen aus, der mit der Modelleinführung des VW Golf entstand und bis heute einen Wagen der unteren Mittelklasse mit kompakten Abmessungen, Frontantrieb und kurzem Schrägheck bezeichnet.

Auch dieses Buch erforderte wieder eine detaillierte und aufwendige Recherche, denn die Modellvielfalt bei Volkswagen entsprach in den zu beschreibenden Modelljahren der allgemeinen Dynamik, die das Unternehmen auch wirtschaftlich entwickelte. Bei diesen Recherchen wurde der Autor von der Volkswagen AG und der Stiftung AutoMuseum Volkswagen unterstützt. Besonderer Dank gilt dabei Christine Neefe, Susanne Wiersch von der Stiftung und Dr. Ulrike Gutzmann von der Historischen Kommunikation. Auch Theo Decker stellte dem Autor sein umfangreiches Fotomaterial zur Verfügung. Und last but not least sorgte auch diesmal wieder Eva Wiersch für die »Übersetzung« des Fachchinesisch in allgemeinverständliches Deutsch.

Bernd Wiersch
Wolfsburg im Frühjahr 2011

1974: Ein Krisenjahr

Für Volkswagen war das Jahr *1974* wirtschaftlich immer noch extrem angespannt, obwohl sich abzeichnete, dass die neuen Modelle dazu geeignet waren, die Wende herbeizuführen. *Passat, Scirocco und Golf* verkörperten mit ihren wassergekühlten Motoren und dem Frontantrieb den Automobilbau der Zukunft. Sie waren technisch auf dem Stand der Zeit und setzten in ihren Marktsegmenten schon bald die Messlatte. Auch optisch stellten die neuen Volkswagen-Modelle den Trend für die Automobile der kommenden Jahre dar, und wirtschaftlich und zuverlässig waren sie aufgrund ihrer modernen Technik sowieso.

Es ging jetzt darum, über die drei ersten Typen hinaus, weitere Modelle zu entwickeln, damit nicht wieder nur ein Modell – in der Vergangenheit war das der *Käfer* gewesen – das ganze wirtschaftliche Risiko tragen musste. Der Begriff »Modellpalette« sollte künftig im wahrsten Sinn des Wortes die Typenpolitik des Volkswagenwerks charakterisieren. Daneben war es aber, zumindest für einen begrenzten Zeitraum ebenso wichtig, eine Modellpflege für das laufende Programm zu entwickeln, die diesen *Fahrzeugtypen* noch einige Jahre des Überlebens am Markt sicherten.

Modellpflege VW Typ 1

Das wichtigste Ereignis in der Geschichte des *Typ 1* fand am *1. Juli 1974* statt. An diesem Tag lief um 11.19 Uhr im Stammwerk der letzte *Käfer* aus Wolfsburg vom Band. Seit *1945* waren dort insgesamt 11 916 519 Fahrzeuge dieses Typs gebaut worden. Die Produktion für die deutsche und europäische Kundschaft fand jetzt ausschließlich in den Werken Hannover, Emden und Brüssel statt. Den frei gewordenen Platz auf den Bändern in Wolfsburg nahmen zunächst der *Golf* und später auch der *Audi 50* ein.

Das *Käfer-Angebot* wurde gestrafft. Es gab jetzt noch vier *Limousinen-Modelle*, das *Cabrio Typ 15* sowie die *Karmann-Ghia-Modelle Typ 14*. Die Preise für diese Fahrzeuge wurden im *August 1974* neu festgelegt:

Am 1. Juli 1974 lief im Stammwerk Wolfsburg der letzte dort gebaute Käfer vom Band. Die Gesamtstückzahl der Wolfsburger Produktion betrug 11 916 519 Exemplare.

Modell	DM
VW 1200 (34 PS/25 kW)	6395
VW 1303 (44 PS/32 kW)	7995
VW 1303 (50 PS/37 kW)	8260
VW 1303 Cabrio (50 PS/37 kW)	11 080
Karmann Ghia Coupé (50 PS/37 kW)	9785
Karmann Ghia Cabrio (50 PS/37 kW)	14 422

Alle *Käfer* mit großem Vorderwagen wurden nur noch unter der Bezeichnung *1303* geführt. Jeglicher Zusatz mit dem Hinweis auf die Ausstattung oder die Motorisierung auf dem Motordeckel entfiel.

Aus Kostengründen wurde beim *VW 1200* die Ausstattung reduziert. So entfielen die Radkappen, dafür bekamen die Radnaben und die Radmuttern Kunststoffkappen. Der Handschuhkastendeckel wurde durch einen Kunststoffrahmen um das Ablagefach ersetzt.

Ab 1974 erhielten alle Käfer mit dem langen Vorderwagen die einheitliche Bezeichnung VW 1303, unabhängig von der Motorleistung. Noch waren die Bänder im Werk Emden mit der Käfer-Produktion gut ausgelastet.

Das 1303 LS Cabrio war das letzte Modell des Typ 15 und wurde bis 1979 gebaut.

Die Fahrersonnenblende sowie die Tür- und Seitenverkleidungen wurden geändert. Die Dämpfung auf dem Rahmentunnel und dem hinteren Bodenblech entfiel, ebenso die im Kofferraum.
Wer eine bessere Ausstattung bevorzugte, konnte ein *L-Paket* mitbestellen, das eine zusätzliche Geräuschdämmung, Zierrahmen an den Fenstern und ein abschließbares Ablagefach einschloss.
Die Motoren wurden den neuen Abgasvorschriften für Europa und die USA angeglichen. Eine neu entwickelte Zahnstangen-Lenkung machte einen Lenkungsdämpfer überflüssig.

Das *VW Cabrio Typ 15* erhielt ein vergrößertes Rückfenster.
Die Änderungen aber, die man bei allen Modellen gleich auf den ersten Blick von außen erkannte, waren die vorderen Blinkleuchten, die jetzt in die Kastenstoßfänger integriert waren.
Die Produktion der *Karmann Ghia-Modelle* wurde im *Juli 1974* eingestellt. Insgesamt wurden von *Coupé* und *Cabrio* 445 295 Einheiten hergestellt. Der Nachfolger auf den Bändern bei Karmann in Osnabrück war der *Scirocco*.

Der Karmann Ghia war auch 1974 noch im Modellprogramm, obwohl es bereits einen Nachfolger gab – den Scirocco.

VW Typ 4

Das Jahr *1974* war das letzte Produktionsjahr des *VW 412*, dessen Fertigung im *Mai 1974* endete.
Weiter gebaut wurde jedoch der *VW Typ 47*, der *VW Porsche 914*. Bei ihm wurde noch einmal der Motor an die neuen Abgasvorschriften in den USA und Europa angepasst.
Die Fahrzeuge, die mit bleifreiem Kraftstoff fahren konnten, erhielten einen Tankeinfüllstutzen mit kleinerem Durchmesser.
Die Produktion dieses Fahrzeugs lief *Ende 1975* aus, ohne dass weitere Modellpflegemaßnahmen erfolgten.
Im *Dezember 1974* endete auch die Produktion des *VW K70* nach einer Gesamt-Stückzahl von 210082 Stück.

Auch der VW Porsche 914 blieb noch im Programm, weil man längerfristige Absprachen mit der Porsche AG hatte.

Der VW K70 war zwar im Jahr zuvor noch einmal optisch und technisch aufgewertet worden, wurde aber dennoch Ende 1974 aus der Produktion genommen.

VW Passat

Obwohl er gerade einmal ein gutes Jahr auf dem Markt war, unterlag auch der *Passat* bereits *1974* einigen Modellpflegemaßnahmen. Im *August* wurden die Motoren den neuen Abgasbestimmungen angepasst. Der 55-kW-Motor wurde auf den Betrieb von Normalbenzin umgestellt. Dabei verringerte sich die Verdichtung. Man veränderte die Vergaserbestückung und verwendete den Abgaskrümmer des 63-kW-Motors. Die Federbeine bekamen Zweirohrdämpfer, die für ein noch komfortableres Fahrverhalten sorgten.
Optisch auffällig war der Einsatz von Kunststoffecken an den Stoßfängern, die die bisherigen Stahlrundungen ablösten. Auch am Heck der Limousinen konnte man Veränderungen feststellen, wenn der Kunde eine Ladeklappe für den Gepäckraum bestellt hatte, die auch das Rückfenster mit einschloss. Eine produktionstechnische Vereinfachung waren die Zwangsentlüftungen, die jetzt auch bei den zweitürigen Fahrzeugen in die Türen verlegt worden waren. In den Lenkstockschalter war eine Tipp-Wisch-Funktion oder auf Wunsch eine Intervallschaltung eingebaut.

Das erste Facelift des Passat betraf die Stoßfänger, die 1974 mit Kunststoffecken versehen wurden. Auch die Zwangsentlüftungen waren jetzt aus der C-Säule in die Türen verlegt worden.

Im Januar 1974 war das Passat-Programm durch den Passat Variant ergänzt worden, der 1974 die gleiche Modellpflege wie die Limousine erhielt.

1975: Der VW Polo

Auch im neuen Jahr setzte das Volkswagenwerk sein Produktfeuerwerk fort. Als neues Modell kam der *VW Polo* mit den Typenbezeichnungen

861–862 Polo
867–868 Polo Formel E
871–872 Polo Coupé

auf den Markt.

Solange der *Käfer* sich noch erfolgreich, wenn auch ohne großen positiven Einfluss auf das Betriebsergebnis des Unternehmens am Markt behauptete, hatte der Vorstand stets davor zurückgeschreckt, einen solchen Kleinwagen gegen den Käfer zu platzieren. Jedes Kompaktmodell, das man entwickelt hatte, hätte zwar kleiner, aber keineswegs billiger und wirtschaftlicher sein können. Erst nachdem der *Käfer* seine beherrschende Stellung am Markt langsam verlor, wagte das Werk ein so kleines Fahrzeug der neuen Modellgeneration anzubieten, das man im *September 1974* bereits bei der Ingolstädter Tochter *Audi* als *Audi 50* – quasi als Testserie – erfolgreich auf den Markt gebracht hatte.

Die Nullserienproduktion des *Polo* startete im *Januar 1975*, die Pressepräsentation folgte im *März*, die Großserie startete im *September 1975*. Der Verkaufspreis lag für den *Polo* bei DM 8000, für den *Polo L* bei DM 8500. Zu diesem Zeitpunkt war der *Audi 50 LS* für DM 8995, der *Audi 50 GL* für DM 9340 zu haben, beide allerdings mit leistungsstärkeren 1,1-Liter-Motoren mit 37 kW (50 PS) bzw. mit 44 kW (60 PS) und einer aufwendigeren Ausstattung.

Der Polo war der erste echte Kleinwagen, den das Volkswagenwerk in seiner neuen Modellgeneration auf den Markt brachte. Trotzdem verfügte er über Platz für fünf Personen und ausreichend Gepäck.

Der *Polo* war eine zweitürige, fünfsitzige Steilheck-Limousine mit großer Heckklappe, die im Inland und den europäischen Exportländern verkauft wurde. Ein Vertrieb in den USA, Kanada und Japan war nicht vorgesehen.

Als Motor stand zunächst lediglich ein Vierzylinder-Reihenmotor mit 0,9 Litern Hubraum zur Verfügung, der dem *Polo* die folgenden Leistungscharakteristika verlieh:

Motor	0,9 Liter
Bauart	4-Zylinder-Reihenmotor, quer eingebaut, wassergekühlt
Hubraum (cm^3)	895
Bohrung (mm)	69,5
Hub (mm)	59
Leistung (kW/PS)	29/40
Kompression	8,2 : 1
Drehzahl (1/min)	5900
Drehmoment (Nm 1/min)	60,8 bei 3500
Anordnung der Ventile	hängend, OHC, Antrieb durch Zahnriemen
Vergaser	1 Fallstromvergaser Solex PICT-5 (mit Choke)

Zusatzaggregate und Technik	
Lichtmaschine (W)	490 (Drehstrom 35 A)
Batterie (V/Ah)	12/36
Kupplung	Einscheibentrockenkupplung
Getriebe	4 V, 1 R
Antrieb	Frontantrieb, Motor-Getriebe-Block quer vor der Vorderachse
Vorderradaufhängung	McPherson-Federbeine, Querlenker, Schraubenfedern, Stabilisator
Hinterradaufhängung	Federbeine, Längslenker, Schraubenfedern, stabilisierender Querträger
Lenkung	Zahnstange
Bremse	Zweikreis-Diagonal-Hydraulik, vorn und hinten Trommeln
Felgenart	Vierloch-Scheiben, 4 × 12 2 H oder 4,5 J × 13
Abmessungen und Gewichte	
Reifengröße	5,50-12 oder 135 SR 13
Radstand (mm)	2335
Spur vorn/hinten (mm)	1296/1312
Länge (mm)	3500 (L 3512)
Breite (mm)	1560
Höhe (mm)	1344
Höchstgeschwindigkeit (km/h)	132
Beschleunigung 0–100 (sec)	22
Leergewicht (kg)	700
zul. Gesamtgewicht (kg)	1100
Tankinhalt (l)	36
Verbrauch (l/100 km)	8,5

Die OHC-Steuerung der parallel liegenden Ventile erfolgte über Schlepphebel. Der Querstrom-Zylinderkopf – Ein- und Auslassventile lagen sich gegenüber – hatte einen Quetschsspalten-Brennraum. Die Schmierung erfolgte durch einen Pumpenumlauf mit Hauptstrom-Ölfilter. Dieser Motor basierte auf einer Entwicklung von *Audi*.

Das Viergang-Schaltgetriebe war quer an den Motorblock angeflanscht. Die Radführung erfolgte vorn wie hinten durch Federbeine, vorn mit je einem unteren Querlenker, kombiniert mit einem als Zugstrebe ausgebildeten Stabilisator. Diese Vorderachse verfügte über einen spurkorrigierenden Lenkrollradius, der dem Fahrzeug eine hohe Lenkstabilität, ein günstiges Sturzverhalten der Vorderräder bei Kurvenfahrt, eine leichtgängige, stoßfreie Lenkung und einen kleinen Wendekreis verlieh.

Die Koppellenker-Hinterachse bestand aus einem biegesteifen, auch als Stabilisator wirksamen Achsträger mit U-Profil sowie mit dem Achsträger verschweißten Längslenkern, die als Schwingarme, die die eigentlichen Radführungselemente integrierten, wirkten. Diese neuartige Achskonstruktion kombinierte die positiven Eigenschaften einer Längslenker- mit einer Schräglenker-Achse, sie war also weitgehend spur- und sturzkonstant.

Die progressive Zahnstangenlenkung verfügte über ein Ausklinkelement, das im Falle eines Aufpralls ein Eindringen des Lenkrads in das Wageninnere unterband.
Die Bremsen waren vorn und hinten Simplex-Trommelbremsen – gegen Aufpreis konnten jedoch auch Scheibenbremsen vorn mit 13-Zoll-Rädern und einer Bereifung der Größe 135 SR 13 bestellt werden. Auch ein Bremskraftverstärker war aufpreispflichtig.
Den *Polo* gab es von Baubeginn an in den *Modellversionen Polo* und *Polo L.*
Der Aufbau war konstruktiv grundsätzlich mit dem des *Passat* oder *Golf* identisch.
Die große Heckklappe war beim *Basismodell* selbst feststellend, beim *L-Modell* verfügte sie zunächst über eine doppelte, später über eine einfache Gasfeder sowie über ein Drehflügel-Schloss.
Beim *Grundmodell* war nur die Fahrertür von außen abschließbar, bei den *L-Modellen* verfügten beide Türen über ein Schloss. Die Kurbelfenster waren leicht gewölbt, die Dreiecksfenster vorn waren feststehend, ebenso wie die hinteren Seitenscheiben. Alle Scheiben bestanden aus Sicherheitsglas.
Der Benzintank fasste 36 Liter und war unterhalb der Hintersitze außerhalb der Karosserie befestigt. Er lag in einer aufprallgeschützten Zone.
Zur Außenausstattung gehörten einteilige Stoßfänger mit integrierten Fahrtrichtungsblinkern vorn. Die Enden waren mit Kunststoffecken abgedeckt, die der Karosserie seitlichen Schutz boten. Das vordere Abschlussblech unterhalb des Stoßfängers war eine weit hervorgezogene Bugschürze.

Den Polo gab es als Grundversion und als L-Ausstattung. Letztere war nicht nur am zusätzlichen Chromzierrat, sondern vor allem an der Heckaufschrift zu erkennen.

Der Kühlergrill war schmal und wagenbreit aus Kunststoff. Beim *Grundmodell* war er mit einer silberfarbenen Umrandung, beim *L-Modell* mit einem umlaufenden Zierrahmen versehen. In der Mitte befand sich das VW-Zeichen, rechts und links waren die Scheinwerfer eingebaut, die ebenfalls Silberfarben umrandet waren. Ein Frischluftgitter und eine Scheibenwaschdüse waren auf der Fronthaube vor der Windschutzscheibe untergebracht. Beide bestanden aus schwarzem Kunststoff. Ebenfalls Schwarz waren die Wischerarme sowie die Wischer selbst.
Links unterhalb der Frontschürze befand sich eine Abschleppöse, das Tellerhorn war im Motorraum rechts untergebracht, eine Einbauöffnung für die Radio-Antenne war im linken vorderen Seitenteil, die mit einem schwarzen Kunststoffpfropfen verschlossen war.
Die Tür-Außengriffe bestanden aus schwarzem Kunststoff. Schwarz dominierte auch bei den Fensterstegen der Dreiecks-Fensterteile. Das *L-Modell* hob sich von dieser etwas »tristen« Ausstattung durch seitliche blanke Zierleisten auf der Gürtellinien-Sicke ab. Sie liefen zunächst gerade aus – im Gegensatz zum *Audi 50.* Bei diesem Modell endeten sie am Hinterwagen mit einer Krümmung nach oben.
Das Außenspiegelgehäuse war wiederum in Schwarz gehalten, ebenso der Spiegelfuß. In den C-Säulen gab es auf beiden Seiten eine runde Zwangsentlüftungs-Öffnung, die mit einer Blende in Wagenfarbe abgedeckt war. Die Räder waren Silberfarben lackiert, ohne Radkappen, aber mit schwarzen Naben- und Radmutterabdeckungen.
Die Tankklappe saß in Radhöhe vor dem rechten Hinterrad. Die Heckleuchteneinheit oberhalb der hinteren Stoßfänger, die seitlich in Kunststoffkappen endete, enthielt: Schluss-, Brems- und Blinkleuchte sowie eine Rückfahrleuchte. Die Kennzeichenbeleuchtung erfolgte zunächst durch zwei Lampen, die in den hinteren Stoßfänger eingelassen waren. Ab *August 1975* wurden die beiden Lampen durch eine mittige ersetzt.
Bei allen Modellen waren sämtliche Emblemteile, *»Volkswagen«, »Polo«* bzw. *»Polo L«* auf der Heckklappe rechts angebracht.
Für eine angenehme Klimatisierung des Fahrzeuginnenraums sorgte ein kombiniertes Frisch- und

Die Armaturentafel des Polo war ergonomisch gestaltet. Alle Bedienelemente lagen griffgünstig. Der Instrumententräger verfügte über einen Tachometer mit Kilometerzähler und über ein rundes Kombiinstrument mit diversen Kontrollleuchten und einer Kraftstoff-Vorratsanzeige.

Warmluftsystem mit einem Kühlwasser-Wärmetauscher und einem Zusatzgebläse, das beim Grundmodell einstufig, beim *Polo L* zweistufig war. Die Luft trat durch Schlitze und Defrosterdüsen vor der Windschutzscheibe und an verschiedenen Stellen der Armaturentafel aus. Außerdem gab es Auslassöffnungen in Richtung Fondraum und Fußraum unterhalb der Armaturentafelmitte. Die Steuerung der Klimatisierung erfolgte durch einen Drehschalter auf der Armaturentafel, die Steuerung der Temperatur durch einen zweiten rechts daneben. Der Gebläseschalter lag zwischen diesen beiden.

Eine zusätzliche Frischbelüftung, die nicht mit der Warmluft mischbar war, konnte durch den großen Defrostergrill auf dem Mittelteil der Armaturentafel aktiviert werden.

Der Scheibenwischer arbeitete beim *Grundmodell* lediglich mit einer Wischerstufe, verfügte aber über eine Tippwischschaltung. Eine automatische Endstellung war nicht vorhanden. Beim *Polo L* gab es zwei Wischerstufen und eine automatische Endlage. Die Scheibenwischanlage und die Wisch-Wasch-Automatik wurden über eine Fußpumpe betätigt.

Die Fondsitzlehne war, einschließlich der Gepäckraumabdeckung, klappbar, sodass das Volumen des Gepäckraums erheblich vergrößert werden konnte.

Das komplette Modellprogramm des Volkswagenwerks 1974. Der VW 412 ist nicht mehr vorhanden, dafür gibt es aber den Golf und den Scirocco.

1975: Modellpflege

VW Typ 1

Für grundsätzliche Modellpflegemaßnahmen gab es im *August 1975* keinen Grund. Der *VW 1200* behielt als eines der preiswertesten vollwertigen Autos auf dem Markt seine schlichte Ausstattung, der *VW 1200 L* besaß weiterhin verchromte Stoßfänger und Radkappen, Zierrahmen an allen Scheiben, eine Frischbelüftung mit einem zweistufigen Gebläse, das Vierspeichen-Lenkrad mit Prallplatte, die gepolsterte Armaturentafel, den verkleideten Innenraum, die vorklappbare Rücklehne und die Gepäckraumabdeckung.

Die Grundmotorisierung erfolgte mit dem 25-kW-(34-PS-)Motor. Alternativ stand gegen Aufpreis auch der 37-kW-(50-PS-)Motor zur Verfügung. Bei diesem Motor waren die dann serienmäßigen Scheibenbremsen an den Vorderrädern im Preis inbegriffen.

Das *VW 1303 Cabriolet* gab es ausschließlich mit den 37-kW-(50-PS-)Motor und einer hochwertigen Ausstattung.

Der VW 1200 L wurde unverändert weitergebaut.

VW Passat

Die wichtigste Modellpflegemaßnahme beim *VW Passat* war im *August* die Einführung eines neuen 1,6-Liter-Motors, der sich in den nachfolgenden Daten vom bisherigen 1,5-Liter-Motor unterschied:

Motor	1,6 Liter
Bauart	4-Zylinder-Reihenmotor, wassergekühlt
Hubraum (cm³)	1588
Bohrung (mm)	79,5
Hub (mm)	80
Leistung (kW/PS)	55/75
Drehzahl (1/min)	5600
Drehmoment (Nm 1/min)	118,7 bei 3200
Kompression	8,2 : 1
Fahrleistungen und Verbrauch	
Höchstgeschwindigkeit (km/h)	160 (Automatik 155)
Beschleunigung 0–100 (sec)	13,0
Verbrauch (l/100 km)	8,9 (9,3)

Der Vorteil dieses Motors lag für den Kunden darin, dass er, im Gegensatz zum 1,5-Liter-Motor, mit Normalbenzin betrieben werden konnte.

Auch der *Passat* bekam den Einheits-Getriebeautomat. Die Schaltkulisse wurde durch eine Jalousie abgedeckt. Im Zusammenhang mit dem größeren Motor wurden auch die Bremsen überarbeitet, um noch bessere Verzögerungswerte zu erreichen.

Ein Blick in einen Passat L mit dem Zweispeichen-Lenkrad und der mit Teakholz-Folie bezogenen Armaturentafel. Alles machte einen aufgeräumten, übersichtlichen Eindruck. Die Sitze waren gut ausgeformt und versprachen einen festen Seitenhalt sowie ermüdungsfreies Fahren.

Bei allen Modellen erhielten die vorderen Sitze Liegesitzbeschläge. Vom *Golf* wurde die Zentralelektrik übernommen, die im Fahrgastraum links unter der Armaturentafel untergebracht war.

VW Golf

Ab *August 1975* wurden einige Veränderungen am *Golf* vorgenommen. Der bisherige 1,5-Liter-Motor mit 55 kW (75 PS) wurde durch einen gleichstarken 1,6-Liter-Motor ersetzt. Die Daten stimmten mit denen des oben erwähnten *1,6-Liter-Passat-Motors* überein.
Auch beim *Golf* wurde das neue Einheitsgetriebe eingebaut und die Bremsanlage überarbeitet, um bessere Verzögerungswerte zu erzielen.
Alle Sitze erhielten Liegesitzbeschläge und alle *L-* und *LS-Modelle* bekamen eine Mittelkonsole.

Der Golf überzeugte die Kundschaft vom Start weg und begeisterte durch seine Multifunktionalität.

Die Heckansicht des Golf macht deutlich, dass sich hier ein ausreichend großer Gepäckraum befindet, der durch eine große Heckklappe gut zugänglich ist.

Die gepolsterte Armaturentafel des Golf war mit zwei Rundinstrumenten bestückt, einem Tachometer mit Kilometerzähler sowie einem Kombiinstrument mit Tankuhr, Kühlwasser-Temperaturanzeige und in der L-Ausstattung einer analogen Zeituhr. Rechts neben den Instrumenten befanden sich ein Einbauraum für ein Radio, die Heizungs-/Lüftungsbetätigung sowie die Schalter für Licht, Warnblinker und beheizbare Heckscheibe.

VW Scirocco

Der *Scirocco* machte alle oben beschriebenen Veränderungen des *Golf* mit.

Zusätzlich wurde die bisherige Seitendruckschaltung durch eine Tauchdruckschaltung ersetzt. Außerdem bekam der *Scirocco* einen Einarmwischer.

Der Scirocco LS war von allen Seiten ein gelungenes Coupé.

1976: Modellpflege

In diesem Jahr brachte das Volkswagenwerk kein neues Pkw-Modell auf den Markt, sondern beschränkte sich ausschließlich auf die Modellpflege, von der die einzelnen Modelle unterschiedlich profitierten.

VW Typ 1

Bis auf das neue Farbprogramm blieb der *Käfer* unverändert. Der Kunde konnte unter den folgenden Modellen wählen:

VW 1200	25 kW (34 PS)	DM 7480
VW 1200 L	25 kW (34 PS)	DM 8010
VW 1200	37 kW (50 PS)	DM 7940
VW 1200 L	37 kW (50 PS)	DM 8470
VW 1303	32 kW (44 PS)	DM 6890
Cabrio	37 kW (50 PS)	DM 12 735
Die Preise gelten ab April 1976		

Das Käfer Cabrio aus einer ungewohnten Perspektive.

VW Passat

Die dreiteilige Modellstruktur wurde beim Passat beibehalten. Der *Passat TS* wurde jedoch durch den *Passat GL* ersetzt, der mit seiner luxuriösen Ausstattung das Spitzenmodell bildete. Die Motoren blieben unverändert.

Alle *Passat-Modelle* erhielten eine neue Heizungsanlage, die in wesentlichen Teilen mit der des *Golf* identisch war. Sie konnte in der dritten Schaltstufe des Radialgebläses über sechs Kubikmeter Luft ins Fahrzeuginnere bringen. Ein Vorteil gegenüber der bisherigen Bauweise war ihre geringere Geräuschentwicklung.

Das *Grundmodell* verfügte über serienmäßige Dreipunkt-Automatik-Sicherheitsgurte und Kopfstützen. Damit hatte auch bei diesem Modell die passive Sicherheit einen hohen Standard erreicht. Dem Komfort diente die Verkleidung des Fußraums mit Teppichboden.

Beim *VW Passat L* waren es die runden Halogen-Hauptscheinwerfer mit blanken Einfassungen und verstellbare Kopfstützen, die die Sicherheit des Fahrzeugs erhöhten. Allerdings musste man beim *Passat L* auch auf einige bisher bei diesem Modell serienmäßig vorhandenen Ausstattungen verzichten. Dazu gehörten: die Stoßfänger-Gummileisten, der abschließbare Tankverschluss, die Intervallschaltung für die Wisch-Wasch-Automatik, das Potenziometer für die Instrumentenbeleuchtung, der abschließbare Deckel des Ablagekastens und der abblendbare Innenspiegel. Gegen Aufpreis waren diese Details aber als Paket auch für den *Passat L* erhältlich.

Der *Passat GL* unterschied sich vom *Passat L* durch die oben aufgeführten Sonderausstattungen. Zur Ausstattung gehörten außerdem: bronzegetönte Scheiben rundum; blanke Radkappen sowie blanke Zierleisten an Radausschnitten und Regenrinnen; der beleuchtete Ascher; die Leuchtkennzeichnung von Bedienungselementen und Zigarrenanzünder; der von innen verstellbare Außenspiegel; die Mittelkonsole; die Türinnenverkleidung mit Teppicheinlage; farblich abgestimmter Teppichboden; luxuriöse Sitzbezüge mit speziellem Schweißbild; eine farblich auf Schalttafel, Lenkrad, Instrumententafel, Schalthebelstulpe und Fensterbrüstungen abgestimmte Innenausstattung.

Diese nahezu komplette Ausstattung reduzierte das Angebot von Mehrausstattungen beim *Passat GL* auf die Getriebe-Automatik, das Stahlkurbeldach, die Klimaanlage und das neue Radio-Angebot.

Äußerlich unverändert ging der Passat in das neue Modelljahr. Der TS wurde allerdings durch das neue GL-Modell ersetzt.

VW Golf

Der *Golf* war bereits zwei Jahre nach seiner Markteinführung die Messlatte, an der sich der Wettbewerb orientieren musste. Bereits jetzt sprach man bei Kompaktwagen von einer *Golf-Klasse* und meinte damit ein funktionelles Allround-Auto, das sich durch Zuverlässigkeit, Qualität und Leistungsfähigkeit auszeichnete.
Dieser Erfolg machte stolz und veranlasste das Unternehmen aus Anlass der Fertigstellung des 2 555 555. *Golf* das erste Sondermodell dieses Typs im März des Jahres unter der Bezeichnung »Multimillionär« auf den Markt zu bringen.
Der Schwerpunkt der Modellpflegemaßnahmen beim *VW Golf* lag in diesem Jahr beim Komfort. Die Gliederung umfasste die Modellreihen *Golf, Golf L* sowie *Golf GL*, jeweils mit dem 1,1-Liter-Motor mit 37 kW (50 PS) oder dem 1,6-Liter-Motor mit 55 kW (75 PS). Dazu kam in diesem Jahr noch der *VW Golf GTI* mit einem 1,6-Liter-Motor mit 81 kW (110 PS) aus dem *Audi 80 GTE*, dessen Leistungsmerkmale beeindruckend waren:

Motor	**1,6 Liter**
Bauart	4-Zylinder-Reihenmotor, wassergekühlt
Hubraum (cm^3)	1588
Bohrung (mm)	79,5
Hub (mm)	80
Leistung (kW/PS)	81/110
Kompression	9,5 : 1
Drehzahl (1/min)	6100
Drehmoment (Nm 1/min)	111,8 bei 3500
Anordnung der Ventile	hängend, OHC, Antrieb durch Zahnriemen
Vergaser	Kraftstoffeinspritzung Bosch K-Jetronic
Zusatzaggregate und Technik	
Lichtmaschine (W)	Drehstrom 770
Batterie (V/Ah)	12/36
Kupplung	Einscheibentrockenkupplung
Getriebe	4 V, 1 R
Antrieb	Frontantrieb, Motor-Getriebe-Block quer vor der Vorderachse
Vorderradaufhängung	McPherson-Federbeine, Querlenker, Schraubenfedern
Hinterradaufhängung	Federbeine, Längslenker, Schraubenfedern, stabilisierender Querträger
Lenkung	Zahnstange
Bremse	Diagonal-Zweikreisbremse, vorn Scheiben, hinten Trommeln
Felgenart	Lochscheiben 5,5 J × 13
Abmessungen und Gewichte	
Reifengröße	175/70 HR 13 Stahlgürtel
Radstand (mm)	2400
Länge (mm)	3705
Breite (mm)	1630
Höhe (mm)	1395

Höchstgeschwindigkeit (km/h)	182
Beschleunigung 0–100 (sec)	9,0
Leergewicht (kg)	810
zul. Gesamtgewicht (kg)	1230
Tankinhalt (l)	40
Verbrauch (l/100 km)	8,0 Super

Mit dem Golf GTI setzte Volkswagen Maßstäbe auf einem automobilen Sektor, auf dem man es von diesem Unternehmen nicht erwartet hatte: Sportlichkeit für jedermann.

Äußerlich sah man es dem Golf zunächst nicht an, es sei denn man blickte auf das Emblem am Heck. Aber man hörte es. Hier tat ein Diesel-Motor seine Arbeit. Der erste in einem Wagen der unteren Mittelklasse.

Dieser Diesel-Motor war eine technische Sensation. Mit seiner Leistung von 37 kW (50 PS) aus 1,5 Litern Hubraum war er allen bisher gebauten Pkw-Diesel-Motoren haushoch überlegen.

Mit dem neuen Einspritz-Triebwerk hatte man zwei Fliegen mit einer Klappe geschlagen. Man erfüllte die strengen Abgasnormen in den USA und verhalf gleichzeitig dem *Golf GTI* zu angemessenen Fahrwerten. Schwierigkeiten gab es eigentlich nur – aufgrund der hohen Querbeschleunigungswerte – mit der Kraftstoffzufuhr in Kurven. Dieses Problem wurde durch den Einbau eines kleinen zusätzlichen Behälters am Tank – der sogenannten Mausefalle – gelöst.

Die eigentliche Sensation des Jahres *1976* war aber die Markteinführung des *Golf Diesel,* der ab *September 1976* angeboten wurde. Ein Dieselmotor im Marktsegment der unteren Mittelklasse war eine Sensation, denn kein anderer Hersteller hatte jemals einen vergleichbaren Motor im Produktprogramm. Das Dieselaggregat war aus dem 1,5-Liter-Benzinmotor

Auffällige Veränderungen gab es 1976 am Golf nicht. Abgebildet ist das Basismodell, das weitestgehend auf Chrom verzichten musste.

entwickelt worden. Sein großes Plus war das unbestrittene Temperament, das mit allen bestehenden Vorurteilen gegenüber Dieselmotoren aufräumte. Die Leistungsdaten und die Fahrwerte dieses Fahrzeugs waren für einen Diesel-Wagen imposant:

VW Golf Diesel	
Motor	
Bauart	4-Zylinder-Reihenmotor, wassergekühlt
Hubraum (cm^3)	1471
Bohrung (mm)	76,5
Hub (mm)	80
Leistung (kW/PS)	37/50
Kompression	23,5 : 1
Drehzahl (1/min)	5000
Drehmoment (Nm 1/min)	80,4 bei 3000
Anordnung der Ventile	hängend, OHC, Antrieb durch Zahnriemen
Gemischaufbereitung	Verteiler-Einspritzpumpe Bosch oder Lucas
Fahrdaten und Verbrauch	
Höchstgeschwindigkeit (km/h)	141
Beschleunigung 0–100 (sec)	19
Verbrauch (l/100 km)	6,5 Diesel

In den anderen technischen und optischen Details waren die Diesel-Fahrzeuge – sieht man einmal von dem Emblem *»Golf D«* rechts auf der Heckklappe ab – mit den Otto-Fahrzeugen identisch.

Der *Golf L* war das meistgekaufte Modell. Das Preis-Leistungsverhältnis war bei ihm optimal. Zur Serienausstattung gehörte neben Sicherheitsdetails wie Dreipunkt-Automatik-Sicherheitsgurten und verstellbaren Kopfstützen auch eine neu entwickelte Heizungs- und Belüftungsanlage mit einem leistungsfähigen dreistufigen Gebläse, die in alle *Golf-Modelle* eingebaut wurde. Der Ausstattungsumfang des *Golf L* umfasste außerdem eine Wisch-Wasch-Anlage mit Intervallschaltung. Der *Golf L* besaß verchromte Stoßfänger mit Gummileisten, blanke Türaußengriffe, Zierleisten und Fenster-Zierrahmen, Zierleisten mit Gummiprofil auf der Gürtellinie, einen Beifahrer-Haltegriff, Türarmlehnen mit Grifföffnung, Fondarmlehnen, eine Abdeckung unter der Armaturentafel, Fußbodenbelag und Sitzbezüge in aufwendiger Qualität. Die A- und C-Säulen waren verkleidet.

Die *GL-Ausstattung* war weitestgehend mit der des *Passat GL* identisch. Zu ihr gehörten: rundum bronzegetönte Scheiben, blanke Radkappen, blanke Schwellerleisten, eine Polsterung der Armaturentafel, eine Zeituhr, ein umschäumtes Lenkrad, ein Deckel für das Ablagefach sowie Abdeckungen im Innenraum, Türinnenverkleidungen mit Teppicheinlagen, farblich abgestimmte Strukturvlies-Bodenbeläge, Luxus-Sitzbezüge und eine Leuchtkennzeichnung der Bedienelemente.

Der *Golf GTI* besaß neben seinem sportlich abgestimmten Fahrwerk, das vorn um 10 Millimeter und hinten um 20 Millimeter abgesenkt war, Stabilisatoren an beiden Achsen und hatte ein stärkeres Achsträgerprofil der Hinterachse und kräftigere Stoßdämpfer. Das sportliche Interieur wurde vor allem durch die Sportsitze und das Sportlenkrad bestimmt. Auf Chrom wurde bei diesem Modell verzichtet. Als Farben waren lediglich »Marsrot« und »Silbermetallic« im Angebot. Der schwarze Kühlergrill mit schwarzem VW-Zeichen wurde durch eine rote Einfassung umrahmt. In der linken Hälfte des Kühlergrills befand sich der in Versalien geschriebene rote Schriftzug *GTI* auf schwarzem Untergrund, der sich als *VW Golf GTI* auf der rechten Seite der Heckklappe wiederholte.

Auf Rennstrecken machte der Golf GTI eine gute Figur. Das sollte sich später auswirken, als er als Sportwagen homologiert wurde.

Der Verkaufspreis für den *Golf GTI* betrug zum Zeitpunkt seiner Markteinführung DM 14 000.

Am *27. Oktober 1976* lief nach nur 31 Monaten Produktionszeit im Werk Wolfsburg der *1 000 000. Golf* vom Band.

Selbst im Jahre 2003 leistete der 1 000 000. Golf (rechts im Bild) seinem Besitzer noch treue Dienste.

VW Scirocco

Bereits zwei Jahre nach seiner Markteinführung hatte sich der *Scirocco* unter den sportlichen Coupés auf breiter Front durchgesetzt.
1976 wurde der *Scirocco* analog zum *Golf* in seiner Ausstattung stark überarbeitet und in vier Modellkategorien gegliedert: *Scirocco, Scirocco L, Scirocco GT* und als neues Modell der luxuriöse *Scirocco GL*. Die *Grundausstattung* wurde mit Zierleisten und Teppichboden aufgewertet und bot viele wichtige Details. Die *L-Ausstattung* erhielt außen und innen viele optische Verbesserungen und machte dieses Modell zu einem gut ausgestatten Auto. Der *Scirocco GT* war die sportliche Variante mit Halogenscheinwerfern, Doppeltonhorn, Sportlenkrad, Drehzahlmesser, Ölthermometer, Mittelkonsole und Sitzbezügen mit Schottenkaro.
Der *Scirocco GL* kam deutlich hochwertig daher. Zu seiner Serienausstattung zählten: Metallic-Sonderlackierungen, bronzegetönte Scheiben rundum, Armaturentafel und Lenkrad farblich abgestimmt, Vordersitze in der Höhe verstellbar, Sitzbezüge in luxuriöser Cordqualität, Türverkleidungen mit Teppicheinlage, farblich abgestimmter Velours-Teppichboden im Fußraum.
Bei allen Modellen war der Gurtaufroller in die B-Säulen integriert, sodass der Durchstieg zu den Hintersitzen deutlich einfacher war. Außerdem verfügten auch alle *Scirocco-Modelle* über die neue Heizung des *Golf*.
Der bisherige 1,5-Liter-Motor mit 63 kW (85 PS) Leistung wurde in diesem Jahr durch einen gleichstarken 1,6-Liter-Motor abgelöst, der seine Leistung statt bisher bei 5800/min bereits bei 5600/min voll zur Verfügung hatte. Dieser Motor blieb jedoch nur kurzfristig im Programm und wurde letztlich durch den 1,6-Liter-81-kW-(110-PS-)Einspritz-Motor abgelöst.
Der *Scirocco GTI* und der *Scirocco GLI* bekamen den leistungsstarken 1,6-Liter-Motor des *Golf GTI* mit 81 kW (110 PS) und auch dessen tiefergelegtes Sportfahrwerk mit innenbelüfteten Scheibenbremsen an den Vorderrädern, Stahlgürtelreifen der Dimension 175/70 HR 13, Stabilisatoren vorn und hinten und einen vergrößerten Bugspoiler. Die Höchstgeschwindigkeit lag bei 185 km/h, die Beschleunigung von 0 auf 100 km/h betrug 8,8 Sekunden.

Der Scirocco GTI des Jahres 1976 war nicht nur optisch ein Auto, das begeisterte. Auch sein sportliches Fahrwerk und der leistungsstarke Motor sprachen für ihn.

Wie sein Vorgänger, der Scirocco TS, verfügte auch der Scirocco GTI über eine sportlich gestaltete Armaturentafel und ein Aluminium-Dreispeichenlenkrad sowie eine Mittelkonsole mit Voltmeter und analoger Zeituhr. Anstelle der Zeituhr im Instrumententräger befand sich jetzt ein Drehzahlmesser, der den sportlichen Charakter dieses Modells betonte.

VW Polo

Der *Polo* war schon nach einem Jahr zum Begriff des kompakten, preisgünstigen und wirtschaftlichen Autos geworden, wenn auch einige Kunden die spartanische Innenausstattung kritisierten. Geräumigkeit, vielseitige Verwendbarkeit, eine gute Straßenlage und die Wirtschaftlichkeit waren seine offensichtlichen Vorzüge.

Das führte zu einer steigenden Nachfrage nach einer stärkeren Motorisierung, der das Werk *1976* stattgab. Zum Modellwechsel im *August* wurde das Angebot auf drei Modelle erweitert. Es gab jetzt:

den *VW Polo* mit dem 29-kW-(40-PS-)Motor,
den *VW Polo L* mit dem 37-kW-(50-PS-)Motor und
den *VW Polo GLS* mit dem 44-kW-(60-PS-)Motor.

Motor	**0,9 Liter**	**1,1 Liter**	**1,3 Liter**
Bauart	4-Zylinder-Reihenmotor, wassergekühlt		
Hubraum (cm³)	895	1093	1272
Bohrung (mm)	69,5	69,5	75
Hub (mm)	59	72	72
Leistung (kW/PS)	29/40	37/50	44/60
Kompression	8,0:1	8,0:1	8,2:1
Drehzahl (1/min)	5900	5600	5600
Drehmoment (Nm 1/min)	60,8 bei 3500	75,5 bei 3500	83,4 bei 3400
Anordnung der Ventile	hängend, OHC, Antrieb durch Zahnriemen		
Vergaser	1 Fallstromvergaser Solex 31 PICT-5		
Zusatzaggregate und Technik	wie bei der bisherigen Serie		
Abmessungen und Gewichte			
Reifengröße	5,50-12 135 SR 13	145 SR 13	145 SR 13
Radstand (mm)	2335		
Spur vorn/hinten (mm)	1296/1312		

Länge (mm)	3500	3512	3512
Breite (mm)	1560		
Höhe (mm)	1344		
Höchstgeschwindigkeit (km/h)	132	144	151
Beschleunigung 0–100 (sec)	22	18	15
Leergewicht (kg)	700		
zul. Gesamtgewicht (kg)	1100		
Tankinhalt (l)	36		
Verbrauch (l/100 km)	7,5	7,1	7,8 (Superbenzin)

Mit dieser neuen Ausstattungsskala kam der *Polo* den Kundenwünschen entgegen. Mit der Dreiteilung des Modellprogramms konnte er jetzt sogar die höchsten Ansprüche an einen Kleinwagen erfüllen. Dreipunkt-Automatikgurte und Kopfstützen waren bereits beim Grundmodell Serie. Außerdem waren ab *August 1976* auch das Schloss in der Beifahrertür und die Gasstütze für die Heckklappe serienmäßig.

Das *L-Modell* verfügte zusätzlich über eine Reihe von optischen Details, die den Wagen aufwerteten. Dazu zählten blanke Stoßfänger und Zierleisten, Teppichboden und aufwendige Sitzbezüge. Neu war auch die Scheibenwischer-Intervallschaltung. Außerdem gehörten Gummileisten auf den Stoßfängern, den seitlichen Zierleisten sowie verstellbare Kopfstützen zum Serienumfang. Dieser an sich gut ausgestattete Wagen konnte durch ein Sonderpaket mit einer Gepäckraumabdeckung, einem zweistufigen Frischluft-Gebläse, einem abschließbaren Tankverschluss, Rückfahrleuchten, einem abblendbaren Innenspiegel und einem Klappmechanismus für die Rückbank noch weiter aufgewertet werden.

Die *GLS-Modelle* waren die Antwort auf die Wünsche der Kunden, die eine umfangreiche, in vielerlei Hinsicht luxuriöse Ausstattung wünschten. Sie umfasste die *L-Ausstattung* und das *Sonderpaket*. Zusätzlich gehörten zur *GL-Ausstattung* ein spezieller Kühlergrill mit blanken Scheinwerfer-Einfassungen, blanke Radkappen, blanke Zierleisten auf der Regenrinne, eine Kühlwassertemperatur-Anzeige, ein Tageskilometerzähler, eine Zeituhr, ein Zigarrenanzünder, die Beleuchtung des Aschenbechers, Leuchtkennzeichnung für diverse Schalter an der Armaturentafel, ein umschäumter Lenkradkranz, Alu-Einstiegsleisten, zusätzliche Blenden und Zierleisten im Innenraum, Luxus-Sitzbezüge sowie Strukturvlies auf der Gepäckraumabdeckung.

Um bei diesem weit gefächerten Angebot die Produktions- und Bevorratungskosten zu optimieren, wurden die Ausstattungs- und Motor-Versionen so kombiniert, das der 29-kW-Motor nur in der *Basis-* und der *L-Version,* der 44-kW-Motor nur mit der *L-* und der *GL-Ausstattung* erhältlich war. Den 37-kW-Motor gab es für alle drei Ausstattungsvarianten. Er war mit einer Startautomatik ausgerüstet. Außerdem besaß das Fahrzeug einen Bremskraftverstärker, Stahlgürtelreifen der Dimension 145 SR 13 und eine verstärkte Stoßdämpfung. Die Wagen mit dem 44-kW-Motor verfügten zusätzlich noch über einen Bremskraftregler und einen Stabilisator an der Hinterachse.

1977: Der VW Derby

Bisher wurde die neue Modellgeneration von Volkswagen ausschließlich durch *Schräghecklimousinen, Variants* und *Coupés* gebildet. Damit hatte man im Styling moderner Automobile Maßstäbe gesetzt, denen andere Hersteller oft folgten. Die konservative Käufergruppe, bei der ein Auto ein Stufenheck haben musste, fühlte sich übergangen und forderte sehr nachdrücklich einen solchen Wagen im Volkswagen-Modellprogramm. Die Antwort auf die Wünsche lautete *VW Derby*, der im *Januar 1977* auf die Bänder kam.
Ihm wurden die *Modellnummern 865–866 Derby* sowie *873–874 Derby (Polo) Formel E* zugeteilt.
Es gab ihn in folgenden Modell-Varianten:

Derby:	0,9 Liter, 29 kW (40 PS) Grundausstattung
Derby L:	0,9 Liter, 29 kW (40 PS) L-Ausstattung
Derby GL:	0,9 Liter, 29 kW (40 PS) GL-Ausstattung
Derby S:	1,1 Liter, 37 kW (50 PS) Grundausstattung
Derby LS:	1,1 Liter, 37 kW (50 PS) L-Ausstattung
Derby GLS:	1,1 Liter, 37 kW (50 PS) GL-Ausstattung
Derby LS:	1,3 Liter, 44 kW (60 PS) L-Ausstattung
Derby GLS:	1,3 Liter, 44 kW (60 PS) GL-Ausstattung

Die neue Stufenheck-Limousine schloss eine Lücke zwischen dem *Polo* und dem *Golf*.
Der *Derby* wurde auf allen Märkten außer in Japan und Nordamerika angeboten. Auch dieses Fahrzeug gab es in der *Grund-, L/LS-* und *GL/GLS-Version*. Bei der Motorisierung übernahm man die Palette aus dem *Polo* mit den folgenden technischen Parametern der neuen Fahrzeugfamilie:

Der Derby war das Fahrzeug für den konservativen Volkswagen-Freund. Mit seinem Stufenheck erfüllte er die Wünsche dieser Kunden nach der »traditionellen« Dreigliederung eines Autos in Motorraum, Fahrgastraum und Kofferraum.

Motor	0,9 Liter	1,1 Liter	1,3 Liter
Bauart	4-Zylinder-Reihenmotor, wassergekühlt		
Hubraum (cm³)	895	1093	1272
Bohrung (mm)	59,5	69,5	75
Hub (mm)	59	72	72
Leistung (kW/PS)	29/40	37/50	44/60
Kompression	8,0:1	8,0:1	8,2:1
Drehzahl (1/min)	5900	5600	5600
Drehmoment (Nm 1/min)	60,8 bei 3500	75,5 bei 3500	83,4 bei 3400
Anordnung der Ventile	hängend, OHC, Antrieb durch Zahnriemen		
Kurbelwellenlager	5		
Vergaser	1 Fallstrom Solex 31 PICT-5		
Zusatzaggregate und Technik	wie beim **Polo**		
Abmessungen und Gewichte			
Reifengröße	135 SR 14	145 SR 13	155 SR 13
Radstand (mm)	2335		
Spur vorn/hinten (mm)	1296/1312		
Länge (mm)	3836 (ab 1979: 3915)		
Breite (mm)	1560		
Höhe (mm)	1352		
Höchstgeschwindigkeit (km/h)	135	144	151
Beschleunigung 0–100 (sec)	21	18	15
Leergewicht (kg)	730		
zul. Gesamtgewicht (kg)	1100		
Tankinhalt (l)	36		
Verbrauch (l/100 km)	7,3	7,6	8,3

Der 0,9-Liter- und der 1,3-Liter-Motor verfügten über einen handbetätigten Choke, der 1,1-Liter-Motor dagegen über eine elektrische sowie kühlwasserbeheizte Startautomatik.

Wie schon beim *Polo* waren auch beim *Derby* die Motoren den einzelnen *Ausstattungsstufen* zugeordnet. Den 29-kW-Motor gab es nur in der *Grund-* und der *L-Version*, den 44-kW-Motor nur mit der *LS-* und der *GLS-Ausstattung*.

Das vollsynchronisierte Vierganggetriebe war wie der Motor quer angeordnet, mit angeblocktem Differenzial und Antriebswellen mit Gleichlaufgelenken.

Auch der *Derby* besaß eine selbsttragende Karosserie, die umfangreiche Sicherheitselemente in sich vereinte.

Alle konstruktiven Elemente, die beim *Polo* verwendet wurden, fanden sich auch beim *Derby* wieder.

Die Türen – den *Derby* gab es ausschließlich als Zweitürer, weil man hohe Stabilität bei geringem Eigengewicht des Fahrzeugs erreichen wollte – waren abschließbar und zusätzlich von innen durch eine Druckknopfverriegelung zu verschließen. Die Türöffnungsgriffe waren in die Armlehnen integriert.

Der Gepäckraumdeckel wurde durch Federn im geöffneten Zustand gehalten und durch ein Drehfallenschloss verriegelt.

Für ein angenehmes Innenraumklima sorgte ein kombiniertes Frisch- und Warmluft-System, das vom *Polo* übernommen wurde.

1977: Modellpflege

VW Typ 1

Der *VW Typ 1*, sowohl als Limousine als auch als *VW Cabrio Typ 15*, war unverändert im Modellprogramm vertreten. Allerdings waren zum *April 1977* die Verkaufspreise noch einmal angehoben worden. Es kosteten jetzt:

VW 1200	25 kW (34 PS)	DM 7785
VW 1200 L	25 kW (34 PS)	DM 8335
VW 1200	37 kW (50 PS)	DM 8265
VW 1303 Cabrio	37 kW (50 PS)	DM 13 255

VW Passat Facelift

Der *Passat* wurde *1977* größeren Veränderungen unterzogen, ohne dass sich am typischen *Passat-Konzept* etwas änderte. Grundsätzlich wurde die technische Konzeption ebenso beibehalten wie die Aufteilung der Karosserien in zwei- und viertürige *Limousinen* und einen viertürigen *Variant*. Geändert wurde aber die Karosserie. Der *Passat Facelift* wirkte dynamischer und repräsentativer. Die Frontpartie war stilistisch stark überarbeitet worden und besaß jetzt in den Rechteckscheinwerfern seitlich herumgezogene Blinkleuchten. Der Frontspoiler hatte einen zusätzlichen Windfang bekommen, die Seitenteile waren straffer gegliedert, und das markante Heck fiel durch eine große Leuchteneinheit auf. Die Stoßfänger waren vorn und hinten in die Karosserie einbezogen. Sie hatten eine matte, steingraue Oberfläche, die einen Kontrast zu den Chromteilen am Kühlergrill bildete. Die *Passat-L-* und *GL-Modelle* besaßen einen blanken Zierstreifen auf der Stoßfänger-Oberkante, beim *GL-Modell* kam noch eine schwarze Blende am Heck mit einer zusätzlichen Zierleiste hinzu. Die neuen Stoßfänger boten eine verbesserte Schutzwirkung. Die gewölbte, elastische Kunststoff-Ummantelung hatte eine wabenartige Struktur, die nicht direkt auf dem Stahlträger auflag, sondern durch Rippen abgestützt war. So konnte sie kleinere Stöße ohne Beschädigung abfangen. Außerdem waren die neuen Stoßfänger unempfindlich gegen Korrosion und Steinschlag.

Die neue Frontgestaltung führte zu einer Verbesserung des c_W-Werts, der jetzt, je nach Scheinwerfer-

Der Passat Facelift sah gegenüber seinem Vorgänger eleganter und größer aus. Die Rechteckscheinwerfer verliehen ihm mehr Dynamik.

Ausführung, bei 0,41 bzw. 0,40 lag. Dadurch erreichte der *Passat Facelift* nicht nur eine geringfügig höhere Spitzengeschwindigkeit gegenüber dem Vorläufermodell, sondern theoretisch auch einen niedrigeren Treibstoffverbrauch, der jedoch durch das höhere Gewicht des Fahrzeugs wieder aufgezehrt wurde.

Da im Rahmen der Produktaufwertung auch die Ladekante tiefer gelegt worden war, war die Zugänglichkeit des Gepäckraums erheblich erleichtert worden. Dazu trug auch die Vergrößerung des Öffnungswinkels der Kofferraumklappe bei den Limousinen bei.

Auffällig bei den Veränderungen an der Karosserie waren die verschiedenen Scheinwerfer-Ausführungen. Es gab jetzt Breitband-Scheinwerfer bei der *Grund-* und der *L-Ausstattung* (*L* mit H4-Halogen-Licht) und Halogen-Doppelscheinwerfer beim *Passat GL*. Die Türgriffe bestanden aus Kunststoff mit blanken Einlagen.

Die wichtigsten Unterschiede bei den Abmessungen und Gewichten zwischen dem ursprünglichen *Passat* und dem *Passat Facelift* hier noch einmal zusammengefasst:

	VW Passat 1973	**VW Passat Facelift 1977**
Reifengröße	155 SR 13	165 SR 13
Radstand (mm)	2470	2550
Spur vorn/hinten (mm)	1340/1350	1400/1408
Länge (mm)	4290	4335
Breite (mm)	1615	1685
Höhe (mm)	1360	1385
Höchstgeschwindigkeit (km/h) bei 63-kW-Motor	185	187
Beschleunigung 0–100 (sec) bei 63-kW-Motor	10,5	10,5
Gewicht (kg)	910	1160
Verbrauch (l/100 km)	8,5	8,8

Das Innendesign des *Passat Facelift* wirkte klarer und großzügiger. Die Armaturentafel war neu gestaltet worden und verfügte über einen großen Instrumententräger. Das neue Design passte sich gut den verschiedenen Ausstattungs- und Einbaumöglichkeiten vom Radio bis zur Klimaanlage, die jetzt als Option erhältlich war, an. Die Instrumente waren unter einer gemeinsamen Abdeckung zusammengefasst, die Kontrollelemente waren in Lenkradnähe konzentriert. Als Kontrollleuchten verwendete man erstmals Leuchtdioden, die eine lange Lebensdauer hatten. Die Lenkstockschalter waren neu gestaltet worden. Der rechte umfasste nicht nur die Wischer-Wascher-Funktion für die Windschutzscheibe, sondern auch die für das Wischen und Waschen an der Heckscheibe, wenn diese Mehrausstattung bestellt wurde.

Die Gurtschlösser für die Dreipunkt-Automatik-Gurte waren an den Vordersitzen montiert, sodass, unabhängig von der Sitzstellung, ein exaktes Anliegen der Gurte gewährleistet war. Der *Passat GL Facelift* verfügte serienmäßig über von innen einstellbare Außenspiegel. Die Heizung und Frischbelüftung wurde vom Vorgängermodell übernommen.

Viel Aufwand betrieben die Konstrukteure bei der Minimierung von Innenraumgeräuschen und Vibrationen. An der Karosserie wurden zusätzliche Dämpfungsmatten und Auskleidungen angebracht, ebenso wie Resonanz verhindernde Maßnahmen an bestimmten Teilen.

Die Vorderachse bekam weichere Querlenker-Lager, die Stöße in Längsrichtung besser abfingen und außerdem die Rollgeräusche reduzierten. Die vordere Federung wurde etwas härter ausgelegt, die Dämpfung neu abgestimmt. Dadurch wurden die Nickschwingungen unterdrückt. Geradeauslauf und Kurvenverhalten waren noch stabiler geworden.

Von vorn betrachtet waren Limousinen und Variant weitgehend identisch. Das Fahrzeugheck war auch beim Variant neu gestaltet worden.

An der Hinterachse reduzierten großvolumige, weiche Dämpferlager die Resonanz- und Abrollgeräusche. Ein neuer Stabilisator wirkte bei Richtungswechseln der Aufbauneigung entgegen. Zur Verbesserung des Fahrverhaltens trugen auch die neuen 5-J-Stahlfelgen bei.

VW Golf

Der *Golf* war bereits in den *1970er-Jahren* eines der erfolgreichsten Automobile weltweit. Auch im neuen Modelljahr gab es wieder eine Reihe von Modellpflegemaßnahmen, die den Trend zum komfortablen Fahren bei niedrigen Betriebskosten fortsetzten.

Ähnlich wie im Jahr zuvor gab es aus Anlass des 3 333 333. produzierten *Golf* im *Januar 1977* ein weiteres Sondermodell.

Die wichtigste Veränderung im *Baujahr 1977* am *Golf* war die Ablösung des 1,6-Liter-Motors durch einen 1,5-Liter-Kurzhubermotor. Der Grund für diese Veränderung lag in einer Fahrgeräuschabsenkung, einer Verbrauchsreduzierung und verbesserter Wirtschaftlichkeit. Die Daten dieses neuen Motors und die sich daraus ergebenden Fahrleistungen waren:

Motor	1,5 Liter
Bauart	4-Zylinder-Reihenmotor, wassergekühlt
Hubraum (cm^3)	1457
Bohrung (mm)	78,5
Hub (mm)	73,4
Leistung (kW/PS)	51/70
Kompression	8,2 : 1
Drehzahl (1/min)	5600
Drehmoment (Nm 1/min)	107,9 bei 2500
Anordnung der Ventile	hängend, OHC, Antrieb durch Zahnriemen
Vergaser	1 Fallstrom Solex 34 PICT-5, mit Startautomatik
Fahrleistungen und Verbrauch	
Höchstgeschwindigkeit (km/h)	158
Beschleunigung 0–100 (sec)	14,7
Verbrauch (l/100 km)	8,6

Auch im Innenraum merkte man die Verwandtschaft zwischen dem Golf und dem Scirocco. Ein wesentlicher Unterschied beim Golf GTI war der Schalthebelknauf.

Der bereits für das Modelljahr *1977* um das *GL-Modell* erweiterte Ausstattungsumfang wurde noch einmal vergrößert. Auch für den *VW Golf GL* gab es jetzt die von innen einstellbaren Außenspiegel. Bei einigen Polsterfarben wurde die Innenausstattung in einem Braunton geliefert. Das schloss die Armaturentafel, das Lenkrad und den Schalthebelknopf ein und war auf die Innenraumfarbtöne Pergament und Tabac abgestimmt.

Als Bedienungserleichterung erhielten der *Golf Diesel* und der *Golf GTI,* deren Einspritzmotoren einen geringeren Ansaug-Unterdruck auswiesen, vergrößerte Bremskraftverstärker (bei *Golf Diesel* Mehrausstattung). Die Motoren blieben unverändert.

VW Scirocco Facelift

Grundsätzlich blieb der *Scirocco 1977* unverändert, da das Design von Giugiaro bei den Kunden immer noch große Akzeptanz fand. Es gab allerdings leichte optische Korrekturen. Die Stoßfänger waren jetzt kunststoffummantelt und reichten bis zu den Radhäusern. Die großflächigen Blinkleuchten waren vorn seitlich um die Karosserie herumgezogen und deshalb auch von der Seite besser erkennbar. Die B-Säulen und das Gehäuse des in der *L-Ausstattung* von innen verstellbaren Außenspiegels war in Schwarz gehalten und unterstrich damit den großzügigen Gesamteindruck des Fahrzeugs. Der *Scirocco GL* und der *GT* erhielten außerdem breitere Gürtellinien-Zierleisten mit verbreitertem Stoßprofil.

Wie der *Golf* erhielt auch der *Scirocco* eine Reihe von Verbesserungen am Fahrwerk: eine neue Federbein-Aufhängung, eine isolierte Lenkgetriebe-Befestigung und Verbesserungen an der Motorlagerung. Auch der *Scirocco Facelift* bekam den neuen 70-PS-Motor anstelle des 75-PS-Motors. Die übrigen Aggregate blieben unverändert im Verkaufsprogramm.

Neue Farben und Interieur-Farbkombinationen vervollständigten die neue Optik aller *Scirocco Facelift.*

VW Polo

Neu beim *VW Polo* war *1977,* dass der 1,3-Liter-Motor mit 44 kW, der bereits in den einige Monate zuvor präsentierten *VW Derby* eingebaut wurde, jetzt auch statt des bisherigen 1,1-Liter-44-kW-Aggregats in diesem Fahrzeug erhältlich war. Dieser Motor, der ein Verdichtungsverhältnis von 8,2 : 1 hatte, kam mit Normalbenzin aus.

Fahrleistungen und Verbrauch	
Höchstgeschwindigkeit (km/h)	152
Beschleunigung 0–100 (sec)	15
Verbrauch (l/100 km)	8,3

Der strömungsgünstige und leichte *Polo* erreichte mit diesem Motor nicht nur sportliche Fahrleistungen, sondern zeichnete sich auch durch Komfort und Laufruhe aus.

Außerdem erhielt der *Polo* die vom *Derby* bekannte Hinterachse mit V-Profil, die eine stärkere Stabilisator-Wirkung besaß. Ein zusätzlicher Stabilisator, wie er bisher beim 44-kW-Modell eingebaut wurde, konnte deshalb entfallen.

Optisch blieb der Polo auch in diesem Jahr noch unverändert. Ein neuer 1,3-Liter-Motor sorgte jetzt jedoch für mehr Dynamik.

1978: Modellpflege

Erstmals brachte das Volkswagenwerk seit *1973* kein neues Fahrzeugmodell oder Facelift auf den Markt, sodass man sich ausschließlich auf Modellpflegemaßnahmen konzentrieren konnte, die jedoch bei den einzelnen Typen unterschiedlich stark ausfielen.

VW Typ 1

Mit Beginn des Jahres *1978* wurde die *Käfer-Produktion,* auch für die auf den europäischen Märkten verkauften Fahrzeuge, von Emden nach Mexiko verlagert. Im mexikanischen Volkswagenwerk in Puebla wurde daraufhin die Tagesproduktion von 60 auf 130 *Limousinen* gesteigert.
Diese Produktionsverlagerung hatte zur Folge, dass es für die europäischen Märkte Deutschland, Österreich, Belgien und Italien nur noch ein Modell, den *VW 1200 L* mit dem 25-kW-(34-PS-)Motor, gab. Der Wagen verfügte jetzt über seitliche Zierleisten, eine Benzinuhr, eine beheizbare Heckscheibe, einen Haltegriff beim Beifahrersitz, einen abblendbaren Innenspiegel, Dreipunkt-Automatik-Gurte und verstellbare Kopfstützen. Das zweistufige elektrische Gebläse war hingegen entfallen. Anstelle der bisherigen Drehstrom-Lichtmaschine kam eine Gleichstrom-Lichtmaschine zum Einsatz. Auch die bisherigen Diagonalreifen fielen dem Rotstift zum Opfer und wurden durch Radialreifen ersetzt.
Entfallen waren zudem die Gummileisten auf den Stoßfängern, die Zierleisten an den Trittbrettern, die Verbundglas-Frontscheibe sowie die Hutablage. Auch individuelle Mehrausstattungen konnten nicht mehr bestellt werden. Der Kunde hatte hier nur noch die Wahl zwischen verschiedenen Radios und Außenlackierungen. Die Sitze waren mit einem schwarzweiß karierten Polsterstoff bezogen, der mit allen Außenfarben harmonierte. Kunstlederbezüge standen nicht mehr zur Verfügung.
Motorisiert war der *VW 1200 L* ausschließlich mit dem 1,2-Liter-Motor mit einer Leistung von 25 kW (34 PS). Damit war der Käfer endgültig zu seinen Wurzeln zurückgekehrt. Daran sollte sich bis zu seinem Verkaufsende in Europa *1985* auch nichts mehr ändern.
Die Produktion in Mexiko hatte jedoch für die Kunden einen erheblichen Vorteil. Der *VW Käfer* kostete ab *Januar 1978* nur noch DM 8145.
Das *Käfer Cabrio 1303 LS* wurde nach wie vor bei Karmann in Osnabrück hergestellt, war für DM 13 845 zu haben und hatte auch weiterhin den 1,6-Liter-Motor mit 37 kW (50 PS).

Der VW 1200 L des Jahres 1978 kam jetzt aus Mexiko. Er war standardisiert und konnte nur durch die Farbe und das Radio individualisiert werden.

VW Passat

Wichtigstes Ereignis in der Modellpflege des *VW Passat* war die Einführung des im Jahre 1976 bereits in den *Golf* eingebauten Dieselmotors mit identischen Leistungsdaten, die beim *Passat* zu folgenden Fahrleistungen und Verbrauch führten:

Fahrleistungen und Verbrauch	
Höchstgeschwindigkeit (km/h)	142
Beschleunigung 0–100 (sec)	22,5
Verbrauch (l/100 km)	6,6

Die beiden *Diesel-Modelle, Limousine* und *Variant,* deckten den weiten Bereich vom universellen Alltagsauto bis zum bequemen Langstrecken-Fahrzeug ab. Mit seiner Höchstgeschwindigkeit von 142 km/h war der *Passat Diesel* den meisten seiner Wettbewerber überlegen. Aufgrund seiner besseren Aerodynamik übertrafen beide Modelle trotz höheren Gewichts die Endgeschwindigkeit des *Golf Diesel* leicht.
Die Bedienbarkeit des Diesel-Motors war einfach. Dank eines Kaltstart-Beschleunigers und der fest einrastenden Vorglühstellung des Zündschlüssels war ein schneller Kaltstart möglich. Positiv wirkte sich auch die untere Kapselung des längs eingebauten Motors auf die Geräuschentwicklung nach außen aus.

Der 1,5-Liter-Diesel-Motor, der sich bereits im Golf bewährt hatte, wurde jetzt auch in den Passat implantiert. Allerdings erfolgte hier der Einbau längs zur Fahrtrichtung.

Der Kunde konnte beim *Passat Diesel* zwischen den Modellvarianten *D, LD* und *GLD* wählen. Der geringere Treibstoffverbrauch und die Langlebigkeit des Motors machten den *Passat Diesel* vom Verkaufsstart weg zu einem Erfolgswagen.
Im Rahmen der allgemeinen Modellpflege erhielten *1978* alle *Passat-Modelle* einen neuen Thermostat im Kühlwasser-Kreislauf, der die Aufheizung des Innenraums nach dem Kaltstart um etwa 25 Prozent verkürzte.
Serienmäßig für alle *Passat* war ein neuer mechanischer Bremslichtschalter, der schneller reagierte und damit den nachfolgenden Verkehr schneller warnte. Neu war auch die Anhebung der Anhängelast von bisher 1000 Kilogramm auf jetzt 1200 Kilogramm bei allen *Passat-Modellen* mit einem 1,6-Liter-Motor.
Alle Modelle betraf die Einführung der automatischen Nachstellung für die Hinterrad-Bremsen.

VW Golf Facelift

Der neue *Golf Facelift* des Modelljahrs *1979*, der im *August 1978* an den Start ging, war auf den ersten Blick an seinen neuen Stoßfängern zu erkennen, die zuvor schon beim *Passat Facelift* und beim *Scirocco Facelift* angebaut worden waren. Seitlich gingen sie bis zu den Radhäusern um die Karosserie herum. Dadurch wirkte das Fahrzeug gestreckter und mit den eingelegten blanken Zierleisten beim *L-Modell* auch eleganter als sein Vorgänger. Beim *GL-Modell* wurde die optische Wirkung der neuen Stoßfänger noch durch eine schwarze Kennzeichenschildblende zwischen den Heckleuchten unterstützt.
Auch beim *Golf* waren jetzt die Gurtschlösser direkt an den Vordersitzen befestigt, mit den bereits beschriebenen Vorteilen.
Der *Golf GL Facelift* bekam serienmäßig neue, von innen einstellbare Außenspiegel mit einem aerodynamischen Spiegelgehäuse, das im Fuß fest einrastete und somit nach dem Umklappen stets wieder die gleiche, fest eingestellte Position einnahm. Auf Wunsch gab es diesen Spiegel auch für die Beifahrerseite. Es standen wahlweise plane oder konvexe Spiegel zur Verfügung.
Neu war auch beim *Golf GTI* eine Verbrauchsanzeige, die den jeweiligen Momentanverbrauch maß, sodass der Fahrer in einem Bereich zwischen circa sechs und zwölf Litern im vierten Gang überprüfen konnte, ob er

Der Golf GTI war auch nach dem Facelift der Renner in seiner Fahrzeugklasse. Er war vor allem bei der Jugend beliebt.

sparsam oder sportlich fuhr und wie viel Benzin er verbrauchte. Das Instrument, das anstelle der Kühlwasser-Temperaturanzeige zwischen Tachometer und Drehzahlmesser eingebaut war, arbeitete mit dem Unterdruck im Ansaugrohr.

VW Scirocco

Auch der *VW Scirocco* unterlag im *August 1978* einigen Modellpflegemaßnahmen. Es gab einen Thermostat im Kühlkreislauf, der die Kaltstartphase um circa 25 Prozent verkürzte.

Ebenso wie der *Passat* bekam auch der *Scirocco* die selbst nachstellenden Hinterrad-Trommelbremsen.

Das Ausstattungsangebot wurde beim *Scirocco* entsprechend der sportlichen Zielsetzung dieses Fahrzeugs neu gestaltet. Dazu gehörten neue Außenfarben ebenso wie ein neuer Innentrimm und ein erweitertes Radioprogramm, das jetzt vom preiswerten Gerät bis zum aufwendigen Stereo-Radio mit Cassettenteil reichte.

Selbstverständlich bekam der *Scirocco* auch die neuen Außenspiegel, die der *Golf* seit diesem Modelljahr hatte, und die Gurtschlösser waren auch bei diesem Fahrzeug fest mit den Sitzen verbunden.

Speziell für den *Scirocco* wurde ein Aufstelldach entwickelt, das bis zu einer Höhe von zehn Zentimetern am hinteren Rand angehoben werden konnte. Nach Lösung einer Arretierung ließ sich das Dach sogar ganz herausnehmen und im Gepäckraum verstauen.

Die Nachfrage der Kunden hatte das Werk zum Modellwechsel im *August 1978* veranlasst, den 1,6-Liter-Motor mit 63 kW (85 PS), der nur *1976* kurzfristig im Verkaufsprogramm war, wieder in dieses aufzunehmen. Seine Leistungsdaten waren:

Motor	1,6 Liter 63 kW (85 PS)
Bauart	4-Zylinder-Reihenmotor, wassergekühlt
Hubraum (cm^3)	1588
Bohrung (mm)	79,5

Hub (mm)	80
Leistung (kW/PS)	63/85
Kompression	8,2:1
Drehzahl (1/min)	5600
Drehmoment (Nm 1/min)	125 bei 3800
Anordnung der Ventile	hängend, OHC, Antrieb über Zahnriemen
Vergaser	1 Fallstromvergaser Solex 34 PICT-5
Fahrleistungen und Verbrauch	
Höchstgeschwindigkeit (km/h)	172
Beschleunigung 0–100 (sec)	11,3
Verbrauch (l/100 km)	8,5 Normalbenzin

Die Leistungspalette des *Scirocco* reichte jetzt von 37 kW (50 PS) über 51 kW (70 PS) und 63 kW (85 PS) bis zum 81-kW-(110-PS-)Motor der Modelle *GTI* und *GLI*.

VW Polo Facelift

Beim *VW Polo* wurden bereits im *Januar 1978* wichtige Modellpflegemaßnahmen vorgenommen, und das sogar in einem größeren Umfang als bei anderen Modellen.

Äußerlich waren es vor allem die Stoßfänger, die das gleiche Aussehen und dieselbe Struktur bekamen wie zuvor schon beim *Passat Facelift* und beim *Golf Facelift*. Dazu kam ein neuer Kühlergrill, der dem *Polo Facelift* ein dynamischeres Aussehen verlieh und dabei die Aerodynamik so verbesserte, dass die Wagen jetzt mit gleicher Motorisierung eine bis zu drei km/h höhere Endgeschwindigkeit erreichten.

Neu gestaltet war auch die Armaturentafel des *Polo Modelljahr 1979*. Sie war nach ergonomischen Gesichtspunkten geformt und fasste alle Instrumente in einem Instrumententräger blendfrei zusammen. In der Mitte der neuen Armaturentafel, zwischen Lenkrad und Ablagefach, befand sich eine Box zur Ablage kleinerer Gegenstände, die alternativ auch für den Einbau eines Radios genutzt werden konnte. Die Hupenbetätigung, die bisher durch einen Hebel am Lenkrad geschah, war jetzt in die Lenkradmitte verlegt worden. Die wichtigsten Schalter – für Scheibenwischer, Warnlicht, Fernlicht und Blinker – befanden sich als Hebel links und rechts an der Lenksäule. Für den Fahrer stand links oberhalb des Knieraums eine breite Ablage zur Verfügung, die beim *Polo GL* durch eine weitere Ablage auf der Beifahrerseite ergänzt wurde. Die Waschwasserpumpe für die Windschutzscheibe wurde jetzt elektrisch betätigt.

Zwei senkrecht stehende Flachbahnregler rechts vom Lenkrad waren die Bedienelemente für die Heizung und die Frischluft. Ein neues Leitsystem verteilte die Luft über ein breites Ausströmerband direkt an die Windschutzscheibe. Dazu gab es noch mehrere regelbare Ausströmer, die die Frisch-/Warmluft in das Wageninnere leiteten. Der normale Staudruck konnte noch durch ein zweistufiges Radialgebläse verstärkt werden.

Wie schon bisher standen beim *Polo Facelift* drei Ausstattungsvarianten zur Verfügung, die mit den drei Motoren kombiniert werden konnten: die *Grundausstattung*, die *L-Ausstattung* und die *GL-Ausstattung*. Bei der Motorisierung hatte sich nichts verändert. Nach wie vor gab es das 0,9-Liter-Aggregat mit 29 kW (40 PS), das den *Polo* zum wirtschaftlichsten Fünfsitzer auf dem Markt machte. Mit diesem Motor erreichte das Fahrzeug eine Höchstgeschwindigkeit von 135 km/h und eine Beschleunigung von 0 auf 100 km/h in 21,2 Sekunden. Der 1,1-Liter-Motor mit 37 kW (50 PS) Leistung war die harmonischste Maschine für den *Polo*. Der Wagen kam damit auf eine Spitzengeschwindigkeit von 145 km/h und einen Beschleunigungswert von 15,4 Sekunden aus dem Stand auf 100 km/h. Das Top-Aggregat war der 1,3-Liter-Motor mit 44 kW (60 PS). 12,9 Sekunden reichten aus, um das Fahrzeug aus dem Stand auf 100 km/h zu beschleunigen. Die Höchstgeschwindigkeit lag bei 154 km/h. Alle Motoren benötigten Normalbenzin, was sich positiv auf den Geldbeutel ihrer Besitzer auswirkte.

Die Aggregate verfügten über einen Querstromzylinderkopf, der für einen raschen Gasaustausch sorgte, und eine oben liegende Nockenwelle, die von einem geräuscharmen Zahnriemen angetrieben wurde. Dadurch waren die Motoren besonders drehzahlfreudig. Der Zündverteiler und die Kraftstoffpumpe wurden ohne jede Umlenkung direkt von der Nockenwelle angetrieben, die Wasserpumpe war im Motorgehäuse untergebracht, ihr Antrieb erfolgte durch einen

Der Polo Facelift hatte durch die optischen Veränderungen an Dynamik gewonnen. Nicht nur die neuen Stoßfänger fielen auf, sondern auch die hinten geschwungene seitliche Zierleiste, die es schon einmal beim Audi 50 gegeben hatte.

Nockenwellen-Zahnriemen. Sie selbst diente zugleich als Riemenspanner.

Die Motoren waren wartungsfreundlich. Sie benötigten nur alle 7500 Kilometer (oder alle sechs Monate) einen Ölwechsel und alle 15 000 Kilometer einen Regelservice.

Die Verkaufspreise lagen *1978* bei DM 9940 für die *Grundausstattung* und DM 11 200 für die *L-Ausstattung* mit dem 1,3-Liter-44-kW-Motor.

VW Derby Facelift

Die Technik des *Derby Facelift* hatte sich nicht nur in dem seit *1977* auf dem Markt befindlichen *Typ* bewährt, sondern besonders im *Polo Facelift,* das mit dem *Derby Facelift* weitestgehend baugleich war. Wegen dieser Baugleichheit war es daher nicht verwunderlich, dass auch bei diesem *Modell* das Facelift vorgenommen wurde und der Wagen einen neuen Kühlergrill bekam, der den Luftwiderstandsbeiwert absenkte und den Wagen in der Endgeschwindigkeit um bis zu drei km/h schneller machte. Rechteckige Scheinwerfer betonten dabei jedoch gegenüber dem *Polo Facelift* die Eigenständigkeit des *Derby Facelift* und ließen ihn wuchtiger erscheinen als seinen Vorgänger und selbst den facegelifteten *Polo.* Die neuen Stoßfänger, die ebenfalls denen des *Polo Facelift* entsprachen, verlängerten das Fahrzeug um 79 Millimeter auf 3915 Millimeter.

Mit einer Verkehrsfläche von nur 6,1 m^2 bot die *Derby-Karosserie* ein Optimum an Raumausnutzung für Insassen und Gepäck. Fünf Personen fanden im *Derby* ausreichend Platz, und für das Gepäck stand ein nutzbarer Raum von 515 Litern zur Verfügung.

Das Fahrwerk, das seine Qualitäten bewiesen hatte, wurde nicht geändert.

Auch die Modellpflegemaßnahmen des *Polo Facelift* im Fahrzeuginnenraum wurden auf den *Derby Facelift* übertragen. Dazu gehörten die neu gestylte Armaturentafel, die Heizungs-/Lüftungsanlage, die Hupenbetätigung und die Waschwasserpumpe.

1979: Der VW Jetta, ein neues Modell der Mittelklasse

In der *VW-Typologie* bekam der *VW Jetta* die Modellnummern:

161–164 *Jetta I*
Formel E
165–168 *Jetta II*

Der *Jetta* erschien im *August 1979* als *Stufenheckmodell,* das bis zur B-Säule mit dem *Golf* technisch vollständig und optisch weitgehend identisch war. Er wurde jedoch als eigenständige Modellreihe im Volkswagen-Programm geführt und verkörperte dort das Konzept des kompakten, sportlichen Wagens mit großem Angebot an Transportraum, Fahrkomfort und Leistung. Der einzige optische Unterschied am Vorderwagen war der Kühlergrill, der mit Rechteck-Scheinwerfern bestückt war.
Die Motorisierung entsprach der des *Golf.* Der Kunde hatte drei Motoren mit den nachfolgenden Daten zur Auswahl:

Motor	**1,3 Liter**	**1,5 Liter**	**1,6 Liter**
Bauart	4-Zylinder-Reihenmotor, wassergekühlt		
Hubraum (cm^3)	1272	1457	1588
Bohrung (mm)	75	79,5	79,5
Hub (mm)	72	73,4	80
Leistung (kW/PS)	44/60	51/70	81/110
Kompression	8,2:1	8,2:1	10,0:1
Drehzahl (1/min)	5600	5600	6100
Drehmoment (Nm 1/min)	85 bei 3400	107,9 bei 3500	137,3 bei 5000
Anordnung der Ventile	hängend, OHC, Antrieb durch Zahnriemen		
Vergaser	1 Fallstromvergaser		Kraftstoffeinspritzung
	Solex 31 PICT-5	Solex 34 PICT-5	Bosch K-Jetronic
Zusatzaggregate und Technik			
Lichtmaschine (W)	490 Drehstrom		
Batterie (V/Ah)	12/36 oder 63		
Kupplung	Einscheibentrockenkupplung		
Getriebe	4V, 1 R		
Antrieb	Frontantrieb, Motor-Getriebe-Block, quer vor der Vorderachse		
Vorderradaufhängung	McPherson-Federbeine, Querlenker, Schraubenfedern, Stabilisator		
Hinterradaufhängung	Federbeine, Längslenker, Schraubenfedern, stabilisierender Querträger		

Lenkung	Zahnstange		
Bremse	Diagonal-Zweikreisbremse, vorn Scheiben, hinten Trommeln		
Felgenart	Lochscheiben, 4,5 J × 13 bis 5,5 J × 13		
Abmessungen und Gewichte			
Reifengröße	155 SR 13	155 SR 13	175 SR 13
Radstand (mm)	2400		
Spurweite vorn/hinten (mm)	1390/1358	1390/1358	1404/1372
Länge (mm)	4190		
Breite (mm)	1610		
Höhe (mm)	1410		
Höchstgeschwindigkeit (km/h)	148	156	178
Beschleunigung 0–100 (sec)	14,0	13,0	9,5
Leergewicht (kg)	785	815	855
Tankinhalt (l)	55		
Verbrauch (l/100 km)	8,1	9,3	9,5

Der Jetta war ein neues Modell der unteren Mittelklasse mit konventionellem Design. Die Technik kam vom Golf.

Damit folgte das Volkswagenwerk mit dem *Jetta* wieder dem Wunsch von Käufern mit konservativem Geschmack und brachte ein zwei- bzw. viertüriges *Stufenheckmodell* auf den Markt. Die neu gestaltete hintere Wagenhälfte bot gegenüber dem *Golf* zwei Vorteile. Durch die Dachform verfügten die hinten sitzenden Passagiere über mehr Kopffreiheit, durch das Stufenheck mit dem separaten, hohen Kofferraum stand den Fahrgästen ein Gepäckraumvolumen von 520 Litern zur Verfügung. Ausrüstungsgegenstände wie Warndreieck und Verbandskasten konnten in abgetrennten Seitenteilen raumsparend und rüttelfrei untergebracht werden.

Die bewusste Gliederung des Fahrzeugs in Vorderwagen, Passagierzelle und Hinterwagen wurde noch durch durchgehende schwarze Zierleisten unterstrichen, die zusätzlich gliedernd und streckend wirkten.

Die konstruktiven Merkmale der selbsttragenden Karosserie waren mit denen der übrigen Volkswagen der *neuen Modellgeneration* identisch.

Besonderer Wert wurde auch bei der Karosserie des *Jetta* auf preisgünstige Reparierbarkeit gelegt. Die vorderen Kotflügel waren abschraubbar, bei allen übrigen Teilen konnten wirtschaftliche Abschnittsreparaturen durchgeführt werden. Der Wirtschaftlichkeit diente auch der Karosserie-Langzeitschutz.

Bereits beim Grundmodell war die Ausstattung komplett und umfasste alle wesentlichen Details: die mit elastischem Kunststoff überzogenen Stoßfänger, den integrierten Frontspoiler, Breitband-Scheinwerfer, gestylte silberfarbene Räder, Steinschlagschutz hinten, einen griffgünstigen Tankverschluss und eine beheizbare Heckscheibe.

Den Innenraum dominierte die modern gestaltete Armaturentafel mit dem großen Instrumententräger, die im Wesentlichen vom *Golf* übernommen worden war. Hinzu kamen Ablagen für Fahrer und Beifahrer, zweistufige Wischer, ein elektrisch betriebener Wascher, eine vielseitig verstellbare Heizung und Belüftung mit dreistufigem Gebläse, vordere Liegesitze und Bodenteppiche.

Der *Jetta L* besaß eine höherwertige Ausstattung mit blanken Zierleisten an den Stoßstangen, Stoßleisten mit doppelten Dekorstreifen an den Seitenteilen, eine weiche Armaturentafel-Oberfläche, aufwendige Sitzpolster sowie verkleidete Brüstungen und Dachsäulen. Außerdem waren eine Zeituhr, ein umschäumtes

Der Innenraum und die Armaturentafel des Jetta entsprachen den Vorstellungen der Kunden. Diesen war das Interieur schon vom Golf her vertraut.

Lenkrad, eine Klappe für die Beifahrer-Ablage, ein Dachhaltegriff und verstellbare Kopfstützen serienmäßig.

Noch höherwertiger war die *GL-Ausstattung* mit einem blanken Rand am Kühlergrill und blanken Vollblenden an den Rädern. Zwischen den Heckleuchten war der Wagen auch anhand einer schwarzen Kunststoffblende zu erkennen. Die Scheiben waren bronzegetönt und der Außenspiegel von innen verstellbar. Außerdem verfügte der *Jetta GL* über einen Zigarrenanzünder, einen Tageskilometerzähler und eine nochmals aufgewertete Innenausstattung mit speziellen Polsterstoffen und Teppichen.

Aber nicht nur an die Optik wurde beim *Jetta* gedacht. Wie auch bei den anderen *Volkswagen-Modellen* stand die Sicherheit im Vordergrund. So bekam auch der *Jetta* ab dem 51-kW-(70-PS-)Motor an den vorderen Rädern Faustsattel-Scheibenbremsen, die auch beim *Passat GLI* eingebaut waren. Die Lebensdauer von Bremsbelag und -scheibe erhöhte sich gegenüber der bisherigen Schwimmrahmenscheibenbremse – die wurde nach wie vor in das 44-kW-(60-PS-)Modell eingebaut – um das Doppelte.

Ebenfalls neu entwickelt wurde für den *Jetta* mit dem 81-kW-(110-PS-)Motor das Fünfganggetriebe, das sowohl ein sportliches als auch ein sparsames Fahren ermöglichte. Den Treibstoffverbrauch konnte der Fahrer über ein neues Anzeigeinstrument kontrollieren, das Messwerte auf der Basis von drei Viertel der Höchstgeschwindigkeit ermittelte und somit realistischere Werte signalisierte als das bisherige Instrument.

1979: Modellpflege

VW Typ 1

Am *VW Typ 1*, dem *Käfer*, wurden im Jahre *1979* außer neuen Außenfarben keine weiteren Modellpflegemaßnahmen vorgenommen. Der *VW 1200 L* kostete DM 8506, das *VW Cabrio Typ 15* DM 14 423.

VW Passat

1979 wurde das *Passat-Modellprogramm* um ein neues Spitzenmodell erweitert, den *GLI*. Mit diesem Fahrzeug bot das Volkswagenwerk einen geräumigen und luxuriösen Mitteklassewagen, der kaum noch Wünsche offen ließ, an. Die Höchstgeschwindigkeit dieses Fahrzeugs lag bei 184 km/h, die Beschleunigung von 0 auf 100 km/h bei 9,8 Sekunden. Diese Leistungen erzielte der *Passat GLI* mit dem bereits aus dem *Golf GTI* bekannten 1,6-Liter-Motor mit 81 kW (110 PS) Leistung.

Zur Serienausstattung des *Passat GLI* gehörten breitere Gürtelreifen der Dimension 175/70 HR 13.
Die Innenausstattung zeichnete sich durch wertvolle Polster- und Verkleidungsmaterialien, durch eine übersichtlich gestaltete Armaturentafel und durch einen gediegenen Gesamteindruck aus.
Wie auch die übrigen Modelle gab es den *Passat GLI* zwei- sowie viertürig und auch als *Variant*.
Alle *Passat-Modelle* verfügten jetzt über ein weiterentwickeltes, in der Geräusch- und Vibrationsunterdrückung optimiertes Fahrwerk. Die Federung schluckte kleinere und größere Fahrbahnunebenheiten und ließ diese kaum bis zu den Insassen vordringen. Ein Stabilisator wirkte der Seitenneigung entgegen. Die Motorvarianten 1,6-Liter-55-kW (75 PS) und 1,6-Liter-63-kW (85 PS) waren auch mit einem Automatikgetriebe erhältlich.

Als Passat GLI Facelift ließ der Wagen kaum noch einen Kundenwunsch offen. Seine Ausstattung war weitestgehend komplett.

VW Golf

Als besonders günstige Verbindung von Wirtschaftlichkeit und Leistung brachte Volkswagen im *August 1979* den *Golf* mit einem 1,3-Liter-44-kW(60-PS-)Motor mit den folgenden Leistungsdaten:

Motor	1,3 Liter 44 kW (60 PS)
Bauart	4-Zylinder-Reihenmotor, wassergekühlt
Hubraum (cm³)	1272
Bohrung (mm)	75
Hub (mm)	72
Leistung (kW/PS)	44/60
Kompression	8,2:1
Drehzahl (1/min)	5600
Drehmoment (Nm 1/min)	95 bei 3400
Anordnung der Ventile	hängend, OHC, Antrieb durch Zahnriemen
Vergaser	1 Fallstromvergaser Solex 34 PICT-5

Fahrleistungen und Verbrauch	
Höchstgeschwindigkeit (km/h)	154
Beschleunigung 0–100 (sec)	8,6
Verbrauch (l/100 km)	8,5

Dieser Motor war von der Baureihe 801 abgeleitet und gehörte damit, dank oben liegender Nockenwelle mit Zahnriemenantrieb, Querstrom-Zylinderkopf und Direktantrieb von Zündverteiler und Kraftstoffpumpe, zu den modernsten Motoren im Konzern. Er zeichnete sich durch eine besondere Laufruhe, hohes Durchzugsvermögen auch im unteren Drehzahlbereich und Leistungsfreudigkeit aus.

Der 1,1-Liter-Motor mit 37 kW (50 PS) blieb ebenso weiter im Verkaufsprogramm wie der 1,5-Liter-Motor mit 51 kW (70 PS), für den es auch ein Automatikgetriebe gab. Der 1,6-Liter-Motor mit 81 kW (110 PS) hatte sich im *Golf GTI* und *GLI* seinen unumstrittenen Platz in der Modellpalette erobert. Das für diesen Motor serienmäßige Fünfganggetriebe, das zum *Modelljahr 1980* eingebaut wurde, erlaubte jetzt sowohl ein sportliches wie auch ein ökonomisches Fahren. Der

Nachdem die Produktion des Käfer Cabrios kurz vor ihrem Ende stand, verlangte die Öffentlichkeit von Volkswagen ein Nachfolgemodell. Bereits 1979 reagierte das Unternehmen auf diese Forderungen und präsentierte das Golf Cabrio, das allerdings zunächst mit Skepsis betrachtet wurde.

Durchschnittsverbrauch wurde werksseitig mit 9,4 Litern angegeben und konnte vom Fahrer durch Beobachtung der ebenfalls serienmäßigen Verbrauchsanzeige kontrolliert und beeinflusst werden.
Neu war die Aufgliederung der Ausstattungsstufen in *N, L, GL,* die in entsprechenden Schriftzügen auf der rechten Seite der Heckklappe dokumentiert wurden. Auf der linken Seite der Heckklappe befand sich nach wie vor der Schriftzug »Volkswagen«.

VW Golf Cabrio

Nachdem beschlossen worden war, das *Käfer Cabrio Typ 15* im *Januar 1980* auslaufen zu lassen, hatte man sich Gedanken über ein Nachfolgemodell gemacht. Die Wahl war dabei auf den *Golf* gefallen, das neue Volumenauto des Unternehmens. Hier konnte man von der Großserie profitieren und ein preisgünstiges Cabrio anbieten. Die Entscheidung, dieses Fahrzeug wieder gemeinsam mit dem Osnabrücker Karosserie-Unternehmen Karmann zu entwickeln und zu bauen, war fast eine Selbstverständlichkeit. So konnte das neue *Golf Cabrio, Typ 155,* im *März 1979* der internationalen Presse präsentiert werden.

Im Laufe der Entwicklung kristallisierten sich für das *Golf Cabrio* folgende Grundsätze heraus: Das Verdeck sollte den Innen- und Gepäckraum möglichst wenig einschränken. Es sollte unkompliziert zu bedienen sein. Bei geöffnetem Verdeck sollten die Fahrzeuginsassen ganz im Freien sitzen können. Dabei musste der Wagen den Passagieren auch in diesem Zustand optimale Sicherheit bei Unfällen, besonders beim Fahrzeug-Überschlag bieten. Mit geschlossenem Verdeck sollte ein der Limousine entsprechender Komfort geboten werden.
Diese Forderungen führten zum viersitzigen *Golf Cabrio* mit Mittelbügel und auf dem Heck aufliegenden, voll aufklappbarem Verdeck. Das hatte jedoch den Nachteil, dass einige die Karosserie versteifende Bauteile der Limousine entfallen mussten. Um trotzdem ein Optimum an Steifigkeit zu erreichen, mussten in die Karosserie verschiedene, meist unsichtbare Versteifungselemente – sichtbar war lediglich der Mittelbügel – eingebaut werden.
Das Cabrio-Verdeck entsprach in seiner Qualität, zu der im geschlossenen Zustand auch eine ausreichende Wärmedämmung gehörte, dem des *Käfer Cabrios.* Es lag auf den Fenstern und dem Mittelbügel fest auf

Auch mit geschlossenem Verdeck machte das neue Golf Cabrio eine gute Figur.

und wurde nur durch zwei stabile Befestigungsvorrichtungen gehalten. Geöffnet ließ es sich ohne großen Kraftaufwand nach hinten klappen, wo es durch zwei Riegel arretiert wurde. Eine Abdeckhaube sorgte nicht nur für eine bessere Optik, sondern auch für eine gute Aerodynamik. Der Platz für die Fondsitze und den Kofferraum blieb wegen der verwendeten Verdeckmechanik uneingeschränkt erhalten.
In das Verdeck eingelassen war eine große, beheizbare Heckscheibe. Die Verdeckfarben waren hell oder dunkel, je nachdem, welche Außenfarbe für das Fahrzeug bestellt worden war.
Wegen des konstruktiv bedingten Verzichts auf eine große Heckklappe, verfügte das *Golf Cabrio* über ein eigenständiges Heck. Die Seitenteile bildeten eine nach hinten leicht ansteigende Linie, die bei geschlossenem Verdeck einen Kontrast zur Dachform ergab.
Die Ausstattung entsprach im Wesentlichen der der Limousine in der *GL-Version*. Die Motorisierung des *Golf Cabrios* war auf den 1,6-Liter-Motor mit 51 kW (70 PS) und den 81-kW-(110-PS-)Motor aus dem *Golf GTI* beschränkt. Mit dem kleineren Motor erreichte das Fahrzeug eine Höchstgeschwindigkeit von 150 km/h und beschleunigte von 0 auf 100 km/h in 14,3 Sekunden, mit dem GTI-Motor lagen die Werte bei 182 km/h bzw. 10,2 Sekunden. Der DIN-Verbrauch lag bei 8,1 bzw. 9,0 Litern.

VW Scirocco

Im *August 1979* wurden auch beim *Scirocco* die Modellpflegemaßnahmen vorgenommen, die zuvor schon beim *Passat Facelift* und beim *Golf Facelift* eingeführt worden waren: Die Stoßfänger und der Kühlergrill wurden neu gestaltet. Die Stoßfänger bekamen jetzt die anthrazitfarbene Kunststoff-Ummantelung und gingen bis zu den Radhäusern, und der Kühlergrill schloss die seitlich herumgezogenen Blinkleuchten ein. Die B-Säulen waren in Schwarz gehalten, ebenso wie die Außenspiegelgehäuse. Ab der *L-Ausstattung* waren die Spiegel von innen verstellbar.
Neben diesen optischen Details gab es auf dem Motorensektor einige wichtige Veränderungen: Wie schon beim *Golf Facelift* gab es auch beim *Scirocco Facelift* den neuen 1,3-Liter-Motor mit 44 kW (60 PS) Leistung mit folgenden Parametern für Fahrleistung und Verbrauch:

Fahrleistungen und Verbrauch	
Höchstgeschwindigkeit (km/h)	154
Beschleunigung 0–100 (sec)	13,2
Verbrauch (l/100 km)	8,0

Eine Neuentwicklung war die elektronische Zündanlage, die verschleißfrei und berührungslos arbeitete.

Von der Seite besehen war die Linienführung des Scirocco Facelift dynamisch. Das wurde noch durch die breiten Türen unterstrichen, die einen relativ bequemen Einstieg auf die hinteren Sitzplätze ermöglichten. Abgebildet ist der »GT« mit Leichtmetallrädern.

Jetzt war es nicht mehr notwendig, Unterbrecherkontakte auszuwechseln und Schließwinkel oder Zündzeitpunkt einzustellen. Die Zündkerzen hielten länger und die Kaltstarteigenschaften wurden verbessert. Die Leerlauf-Drehzahlen wurden konstant gehalten.
Scirocco GTI und *GLI* erhielten serienmäßig ein neues Fünfganggetriebe, dessen Schaltschema mit dem des Vierganggetriebes übereinstimmte. Der fünfte Gang konnte nach rechts vorn eingelegt werden, wenn ein Druckpunkt überwunden wurde.
Nach wie vor gab es noch den 50-kW-(70-PS-)1,5-Liter-Motor – auch mit Automatikgetriebe – sowie den 1,6-Liter-Motor mit 63 kW (85 PS).
Vom *Scirocco* gab es ab *Modelljahr 1980* die Modelle *N, L, GT* und *GL*.

VW Polo

Nachdem beim *VW Polo Facelift* bereits im *Januar 1979* wichtige Modellpflegemaßnahmen durchgeführt worden waren, konnte man sich im *August 1979* auf nur wenige Details beschränken. So ergänzte das Volkswagenwerk sein *Polo-Programm* um die sportlich ausgestattete *Modellvariante Polo GT* mit dem 44-kW-(60-PS-)Motor. Mit Verbrauchs-Mischwerten von 8,1 Litern/100 km für den neuen *Polo* mit dem 29-kW-(40-PS-)Motor, 8,6 Liter/100 km für den 37-kW-(50-PS-)Motor und 8,8 Liter/100 km für den 44-kW-(60-PS-)Motor war das *Polo-Modellprogramm* ein Musterbeispiel für sinnvolle Energieausnutzung.

Der Polo GT war die stärkste und sportlichste Version dieses Kleinwagenmodells.

VW Derby

Die Grundversion des *Derby* war in Funktion und Bedienung ziemlich komplett und bot eine vollwertige Technik zum günstigen Preis. Der *Derby L* zeichnete sich durch optische Aufwertung aus, das neue Modell *Derby CL* durch mehr Funktionalität. Der *Derby GL* war ein Fahrzeug mit hochwertiger Individualität, besonders dann, wenn er von seinem Besitzer durch weitere Optionen ausgestattet wurde. Nach wie vor gab es die Motorisierungen: 0,9 Liter 29 kW (40 PS), 1,1 Liter 37 kW (50 PS) und 1,3 Liter 44 kW (60 PS). Entsprechend bot der *Derby* unterschiedliche Temperamente vom lebendigen Kurzstreckenfahrzeug bis zum schnellen Autobahn-Reisewagen.

Endlich hatte auch der Derby das modernere, dynamische Design erhalten, das den Wagen gleich erwachsener aussehen ließ.

1980: Modellpflege

VW Typ 1

Am *10. Januar 1980* lief bei Karmann in Osnabrück das letzte *Käfer Cabrio, Typ 15*, vom Band. Dieser Wagen hat die Fahrgestell-Nummer 152 044 140 und ist heute Bestandteil der historischen Karmann-Sammlung.
An der *Käfer-Limousine* änderte sich in diesem Modelljahr lediglich der Verkaufspreis, der jetzt auf DM 9025 festgesetzt wurde.

VW Passat II

Nach dem großen *Facelift* des *Passat* im *Jahre 1977* gab es im Jahre *1980* einen technisch wie optisch völlig überarbeiteten *Passat der zweiten Generation*. Die bisherigen Typen-/Modellnummern wurden beibehalten. Es standen
321–324 für die *Passat II Limousine* und
331–332 für den *Passat II Variant*.

Die Wagen besaßen, wegen ihres größeren Radstands und der breiteren Spur, deutlich mehr Innenraum, hatten aber immer noch eine kompakte und übersichtliche Karosserie. Der c_W-Wert konnte, dank aerodynamischer Feinarbeit auf 0,38 abgesenkt werden und lag damit unter dem des Vorgängermodells. Nicht nur durch diesen Wert wurde der Treibstoffverbrauch optimiert, sondern auch durch eine elektronische Zündanlage TSZ, die eine VW-eigene Entwicklung war. Diese Anlage war von der Drehzahl unabhängig und

Eines der letzten Karmann Ghia Cabrios aus dem Baujahr 1980.

wirkte sich außer auf den Verbrauch und die Abgasemission auch positiv auf die Lebensdauer des Motors und der Zündkerzen aus. Sie arbeitete wartungsfrei. Der Fünfzylinder-Motor war zusätzlich mit einer »Digitalen-Leerlauf-Stabilisierung« DLS ausgestattet, die die Leerlaufdrehzahl unter allen Betriebsbedingungen konstant hielt.

Durch die serienmäßige Schalt- und Verbrauchsanzeige, die zum sparsamen Fahren motivierte, und ein neues 4+E-Getriebe mit einem lang übersetzten »Economy-Gang« leistete man durch Absenkung der Drehzahl im E-Gang um circa 1000 1/min gegenüber einem normalen Fünfganggetriebe einen weiteren Beitrag zur Verbrauchsabsenkung. Dieses Getriebe gehörte beim Fünfzylinder-Motor zur Serienausstattung.

Der Gebrauchswert der Limousine wurde durch eine große Heckklappe und die Durchlademöglichkeit (auf Wunsch mit geteilter Fondsitzbank) und den vergrößerten Laderaum beim Variant beträchtlich erhöht.

Die neue Baureihe verfügte über vier Motorvarianten, die zum Teil schon im Vorläufer-Fahrzeug eingebaut worden waren: 1,3-l-Vierzylinder mit 40 kW (55 PS); 1,6-l-Diesel-Vierzylinder mit 40 kW (54 PS); 1,6-l-Vierzylinder mit 55 kW (75 PS) und 1,9-l-Fünfzylinder mit 85 kW (115 PS). Alle diese Motoren gab es für alle viertürigen *Limousinen* und *Variants*. Der Einsatz der zweitürigen Limousinen war für einen späteren Zeitpunkt vorgesehen.

Ein Vergleich der Motor- und sonstiger Daten des *VW Passat II:*

Motor	**1,3 Liter**	**1,6 Liter**	**1,6 Liter Diesel**	**1,9 Liter**
Bauart	4-Zylinder-Reihenmotor, wassergekühlt			5-Zylinder-Reihenmotor
Hubraum (cm^3)	1272	1588	1577	1921
Bohrung (mm)	75	79,5	76,5	79,5
Hub (mm)	72	80	86,4	77,4
Leistung (kW/PS)	40/55	55/75	40/54	85/115
Kompression	8,2:1	8,2:1	23,0:1	10,0:1
Drehzahl (1/min)	5800	5600	4800	5900
Drehmoment (Nm 1/min)	85 bei 3400	111,8 bei 3200	102 bei 2000	154 bei 3700
Anordnung der Ventile	hängend, OHC, Antrieb durch Zahnriemen			
Vergaser	1 Fallstromvergaser Solex 35 PDSIT		Verteiler-Einspritzpumpe Bosch	Kraftstoff-Einspritzung Bosch
Zusatzaggregate und Technik				
Lichtmaschine (W)	490, Drehstrom			
Batterie (V/Ah)	12/63			
Kupplung	Einscheibentrockenkupplung			
Getriebe	4 V, 1 R oder 5 V, 1 R			
Antrieb	Frontantrieb, Motor vorn, Getriebe hinter der Hinterachse			
Vorderradaufhängung	McPherson-Federbeine, Querlenker, Schraubenfedern, Stabilisator			
Hinterradaufhängung	Starrachse, Längslenker, Panhardstab, Schraubenfedern			
Lenkung	Zahnstange			
Bremse	Diagonal-Zweikreisbremse, vorn Scheiben, hinten Trommeln			
Felgenart	Lochscheiben, 5 J × 13 oder 6 J × 14			

Abmessungen und Gewichte				
Reifengröße	165 SR 13 oder 185/70 SR 13			195/60 HR 14
Radstand (mm)	2550			
Spur vorn/hinten (mm)	1400/1408			1414/1422
Länge (mm)	4335			
Breite (mm)	1685			
Höhe (mm)	1385			
Höchstgeschwindigkeit Limousine (km/h) Variant (km/h)	 148 144	 164 160	 143 140	 188 182
Beschleunigung 0–100 (sec) Limousine Variant	 18,0 18,8	 14,0 14,5	 20,5 21,2	 10,9 11,7
Leergewicht Limousine (kg) Variant (kg)	920–945 960	930–955 970	955–980 995	1025–1050 1060
Tankinhalt (l)	60			
Verbrauch Limousine (l/100 km) Variant (l/100 km)	9,7 10,0	10,6 10,6	6,8 6,8	12,7 12,7

Alle *Passat-II-Modelle* gab es in den Ausstattungsvarianten *Grund-, L-* und *GL*.

Obwohl alle äußeren Dimensionen gegenüber dem Vorgängermodell angewachsen waren, war die Gewichtszunahme um nur 80 Kilogramm recht bescheiden. Umfangreiche Computer-Berechnungen dienten bei jedem Bauteil zur Ermittlung der zweckmäßigen, wirtschaftlichen Gestaltung. Das machte sich vor allem beim Fahrzeuggewicht bemerkbar.

Das Fahrwerk zeichnete sich durch mehr Federweg, eine noch bessere Geräusch- und Vibrationsisolierung und eine neu entwickelte Komfort-Sicherheits-

Der neue Passat war länger und breiter geworden, das vergrößerte das Raumangebot für die Passagiere und erhöhte deren Komfort. Aber auch die Aerodynamik war verbessert worden. Dadurch erreichte man eine Absenkung der Verbrauchswerte.

Hinterachse mit »denkenden«, spurkorrigierenden Lagern aus, die zwei grundsätzliche Forderungen miteinander verbanden: weiche, nachgiebige Wirkung in Fahrtrichtung zugunsten des Komforts und Widerstandsfähigkeit gegenüber den Seitenkräften, die bei Kurvenfahrten auf die Radaufhängung wirkten.

Bei der Konstruktion des *Passat II* wurde großer Wert auf die Innenraummaße, die Front- und Heck-Überhänge und die Sicherheitsüberlegungen gelegt. Außerdem ging es bei der Karosserie darum, den gegenüber dem Vierzylinder längeren Fünfzylinder-Motor unterbringen zu können.

Im hinteren Sitzraum wurde Platz durch neu konstruierte Lehnen der Vordersitze gewonnen, die den hinten sitzenden Passagieren mehr Kniefreiheit ließen. Die Innenraumbreite wurde durch ausgeformte Seitenteile vergrößert. Selbst der Kofferraum wuchs und fasste jetzt nach Kugelmessung 480 Liter.

Alle *Passat-II-Limousinen* verfügten über eine dachhohe Heckklappe. Der 60 Liter fassende Tank ließ eine Reichweite bis zu 700 Kilometer zu – noch mehr beim Dieselmotor. Die Fensterflächen waren gewachsen, und zwar um neun Prozent. Dadurch boten sie den Fahrzeuginsassen eine wesentlich bessere Rundumsicht. Gleichzeitig wurden auch die hinteren Türen vergrößert und ermöglichten einen bequemeren Ein- und Ausstieg.

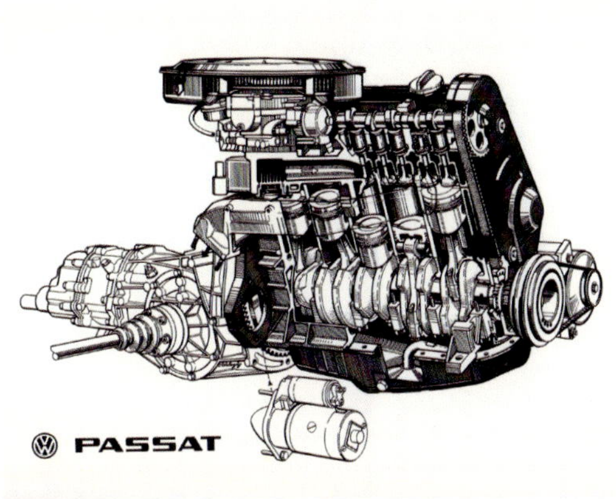

Der 1,9-Liter-Fünfzylinder-Einspritzmotor war neu im Passat-Programm. Er leistete 85 kW (115 PS) und verhalf der Limousine zu einer Spitzengeschwindigkeit von 188 km/h. Der Variant war 6 km/h langsamer.

Beim *Passat II Variant* war die Kapazität des Laderaums erheblich angewachsen. Bei aufgestellten Rückenlehnen der Hintersitze fasste er 570 Liter, mit vorgeklappten Lehnen sogar 1831 Liter. Eine größere Durchladebreite im Radhausbereich und eine größere Heckklappe erleichterten das Laden. Die *GL-Ausführung* des *Passat II Variant* verfügte serienmäßig über eine Dachreling.

Die gesamte Karosserie war auf einen maximalen Oberflächenschutz ausgelegt. An stark beanspruch-

Die Heckansicht des neuen Passat II zeigt deutlich die von den Stoßfängern bis zur Dachkante öffnende große Heckklappe, die sich vor allem bei der Beladung mit sperrigen Gütern als vorteilhaft erwies.

Der neue Passat Variant überzeugte vor allem durch sein großes Ladevolumen.

ten Stellen wurden verzinkte Bleche eingesetzt, alle Türen und Hauben waren gefalzt, verklebt und fein abgedichtet. Die Stoßfänger waren mit Kunststoff ummantelt. In der Unfallsicherheit erfüllte die neue *Passat-II-Karosserie* die internationalen Standards.

Beim Innenraum-Design besaßen die Raumnutzung und die Bedienungsfunktionen höchste Priorität. Hier wurden die Möglichkeiten der Werkstofftechnik voll ausgeschöpft. Es wurden an den Fahrzeugseiten vorgefertigte Formteile verwendet, und selbst die Dachverkleidung mit den integrierten Sonnenblenden war ein Fertigteil.

Die Armaturentafel bestimmte wesentlich das Innenstyling, bei der *GL-Ausführung* mit der in den Fondraum verlängerten Mittelkonsole. Weiche Teppiche vervollkommneten den positiven Gesamteindruck.

Serienmäßig beim *Grundmodell* waren Stoßfänger mit Kunststoffabdeckung, angeformter Frontspoiler, Breitbandscheinwerfer, zwei Scheibenwaschdüsen, beheizbare Heckscheibe, zweistufiger Scheibenwischer mit Tipp-Wisch-Schaltung, elektrische Scheibenwaschanlage, kunststoffumschäumtes Zweispeichen-Sicherheitslenkrad, zwei Sonnenblenden, Ablagefächer, dreistufiges Heizgebläse, Gepäckraumabdeckung, stufenlos verstellbare Vordersitze (Liegesitze) mit integrierten Gurtschlössern, zur Vergrößerung des Gepäckraums umklappbare Fondsitzbank, große Heckklappe mit schwarzer Griffleiste und integriertem Schloss sowie Rückfahrleuchten.

Die *L-Ausstattung* wurde durch Zierleisten und zusätzliche Farbabstufungen im Innenraum gegen das *Grundmodell* abgegrenzt. Außerdem verfügte der *Passat II L* über Halogen-Scheinwerfer und eine beleuchtete Heizungsbetätigung.

Der *Passat II GL* zeichnete sich durch weitere Seriendetails aus, die ihm eine sehr hochwertige Note ver-

Ein Blick auf die Armaturentafel des Passat II.

liehen: Nebelscheinwerfer und Nebelschlussleuchten, bronzegetönte Rundumverglasung, von innen verstellbarer Außenspiegel, regelbare Instrumentenbeleuchtung, Zweikreis- und Handbremskontrollleuchte, separate Gepäckraumleuchte, Türablagen mit Einbaumöglichkeit für Stereo-Lautsprecher, besonders hohe Qualität der Polsterstoffe und Teppiche.

Außer durch die Ausstattungen unterschieden sich die einzelnen Modelle durch technische Komponenten, die an die Motorisierung gebunden waren. So gehörte ein Bremskraftverstärker bereits zur 1,3-Liter-Motorisierung serienmäßig dazu, beim *Passat II Variant* auch ein vorderer Stabilisator und ein Bremskraftregler, der sonst erst ab 55 kW in der Serienausstattung enthalten war. Zum 1,9-Liter-Motor wurden 185/70-HR-13-Reifen auf 5,5-J-Felgen montiert, und der Bremskraftverstärker war größer. Diese Fahrzeuge besaßen außerdem einen Drehzahlmesser und eine Zeituhr mit Digitalanzeige.

VW Golf

Der *Golf* hatte sich in den vorangegangenen Jahren durch eine Vielzahl von Modellvarianten bewährt. Dennoch gab es immer wieder Kunden, die sich mit ihrem Fahrzeug aus der Masse der *Golf-Fahrer* herausheben wollten. Diesem Wunsch trug das Werk *1980* mit dem *Golf SC* Rechnung. Bei diesem Modell handelte es sich um einen Wagen, der von vornherein hochwertig ausgestattet war, sich aber von dem *L-* oder *GL-Modell* absetzte. Zur Serienausstattung des *Golf SC* gehörten unter anderem: 175/70-SR-13-Breitreifen auf 5-J×13-Felgen, eine Heckscheiben-Wasch-Wisch-Anlage, eine Gasfeder für die Heckklappenstützung, Rückfahrleuchten, Parklichtschaltung und Türkontaktschalter an der Beifahrertür, das VW-Radio Braunschweig mit Verkehrsfunkerkennung, ein vom Fahrersitz aus verstellbarer Außenspiegel sowie Sitzbezüge mit besonderem Dessin in Rallyekaro mit schwarzen Stoffwangen. Die Tür- und Seitenverkleidungen stammten vom *Golf GTI,* ebenso wie der schwarze Teppichboden. Das *L-Modell* trug die Armaturentafel bei, es gab einen Deckel für den Ablagekasten, eine Mittelkonsole und verkleidete A- und C-Säulen. Die Sitze verfügten über verstellbare Kopfstützen. Das *GL-Modell* steuerte das Lenkrad bei. Der Schalthebelknopf war einem Golfball nachgebildet. Der *Golf SC* war in vier Lackierungen lieferbar: Alpinweiß, Lidogrün, Samtorange und Regattablaumetallic.

Äußerlich war dieses Sondermodell auf den ersten Blick erkennbar an seinem orangefarbenen Emblem auf dem Kühlergrill und einem speziellen SC-Schriftzug auf der Heckklappe. Die Motorisierung wurde durch den 37-kW-(50-PS-)Motor und den 44-kW-(60-PS-)Motor abgedeckt.

Die übrigen *Golf-Modelle* liefen unverändert weiter.

VW Jetta

Der *Jetta* wurde optisch unverändert weitergebaut. Das Angebot wurde allerdings durch den neuen 1,6-Liter-Dieselmotor mit 40 kW (54 PS) Leistung erweitert. Dieser Motor war bereits in den *Passat II* eingebaut worden und verfügte über folgende Leistungsparameter:

Fahrleistungen und Verbrauch	
Höchstgeschwindigkeit (km/h)	141
Beschleunigung 0–100 (sec)	17,2
Verbrauch (l/100 km)	6,8

VW Scirocco

Beim *Scirocco* hielten sich die Modellpflegemaßnahmen in bescheidenen Grenzen. Erwähnenswert ist letztlich nur, dass es dieses Fahrzeug jetzt auch mit einem 4+E-Getriebe gab, das durch seine Drehzahlabsenkung im E-Gang (Economy) ein sparsames Fahren ermöglichte.

VW Polo

Beim *Polo* gab es in diesem Jahr nur kleine Detailverbesserungen, die sich weder auf das optische Erscheinungsbild noch auf die Technik auswirkten. Die Ablösung dieses Modells durch einen völlig neuen *Polo* warf ihre Schatten voraus.

VW Derby

Nach der gründlichen Überarbeitung des *Derby* im vorausgegangen Jahr, blieb *1980* nicht viel zu tun. Das Fahrzeug wurde unverändert weitergebaut.

1981: Formel E

Die große Neuerung im gesamten *Volkswagen-Modellprogramm* war die Einführung der *Formel E.* Im *Scirocco* war das *Formel E-Paket* allerdings nicht verfügbar. Treibstoff durch neuartige Technik zu sparen, war das Ziel des neuen *Formel-E-Pakets,* das für ein ganzes Bündel technischer Maßnahmen stand. Dabei war entscheidend, dass die *Formel E* so gut wie keinen Verzicht auf Fahrleistung erforderte. Fast alle Modelle erreichten die gleichen Beschleunigungswerte und Höchstgeschwindigkeiten wie die bisherigen Serienmodelle, zum Teil sogar noch bessere. Der Kraftstoffverbrauch konnte demgegenüber um bis zu 27 Prozent gesenkt werden.

Basis aller *Formel-E-Fahrzeuge* waren die *L-Modelle.* Äußerlich erkennbar waren sie an ihrem Schriftzug *Formel E* auf der Heckklappe. Im Fahrzeuginneren konnten die *Formel-E-Modelle* an dem E-Symbol auf dem Schalthebelknauf identifiziert werden.

Die *Formel-E-Technik* bestand aus den Komponenten 1,1-Liter-Superbenzin-Motor, 3+E bzw. 4+E-Getriebe, Schalt- und Verbrauchsanzeige (SVA) und Start-Stopp-Anlage (SSA).

Die *Formel-E-Modelle* von *Polo, Derby, Golf* und *Jetta* erhielten einen auf der Basis des bisherigen 1,1-Liter-Normalbenzin-Motors entwickelten Superbenzin-Motor, bei dem die Verdichtung von 8,0 auf 9,7 erhöht worden war sowie Veränderungen an der Nockenwelle, dem Zündverteiler, dem Vergaser und den Kolben vorgenommen wurden. Bei gleicher Leistung von 37 kW (50 PS) verfügte dieser Motor im unteren und mittleren Drehzahlbereich über ein deutlich höheres Drehmoment. Bei 2000/min war ein Anstieg um acht Nm zu verzeichnen, ein Zuwachs, der sich deutlich bemerkbar machte.

Kombiniert mit dem 1,1-Liter-Superbenzin-Motor wurde ein 3+E-Getriebe, bei dem die Abstufungen so geändert wurden, dass bereits im dritten Gang die Höchstgeschwindigkeit erreicht wurde, während der vierte Gang als lang übersetzter Economy-Gang ausgelegt war. Durch den Superbenzin-Motor ergaben sich gegenüber dem normalen Vierganggetriebe keine Nachteile. Bei der DIN-Messung verbrauchte der *Golf Formel E* im Stadtverkehr nur 7,8 statt 9,9 Liter/100 km – das entsprach einer Ersparnis von 21 Prozent.

Der 4+E-Getriebe, das beim *VW Passat* mit dem 55-kW-(75-PS-)Benzinmotor verbaut wurde, führte zu ähnlich positiven Ergebnissen. Der Normverbrauch sank sowohl bei der Limousine als auch beim Variant auf 8,9 Liter/100 km und lag damit um 1,7 Liter unter dem der Normalausführung.

Die Schalt- und Verbrauchsanzeige (SVA) verarbeitete in einem elektronischen Steuergerät Informationen über Drehzahl und Saugrohr-Unterdruck. War der Lastzustand unwirtschaftlich, signalisierte eine Leuchtdiode »Hochschalten«. Wenn der Fahrer diese Anzeige beachtete, erreichte er im Verhältnis zur Fahrleistung die günstigsten Verbrauchswerte.

Die dritte Komponente der *Formel-E-Anlage* war die Start-Stopp-Anlage (SSA), die den Motor bei Stillstand des Fahrzeugs – zum Beispiel an Ampelanlagen oder im Stau – vorübergehend ausschaltete. Die SSA verlangte die aktive Mitwirkung des Fahrers. Ein Druck auf die Taste im Scheibenwischerhebel sperrte bei Geschwindigkeiten unter zwei km/h und betriebswarmem Motor die Kraftstoffzufuhr. Die elektrischen Verbraucher blieben – mit Ausnahme der beheizbaren Heckscheibe – eingeschaltet. Das Wiederanlassen des Motors geschah automatisch durch Betätigen des Gaspedals bei durchgetretenem Kupplungspedal. Der dafür notwendige Energieaufwand war so gering, dass die SSA schon nach fünf Sekunden Haltedauer eine Einsparung brachte.

1981: Modellpflege

VW Typ 1

Am *15. Mai 1981* lief der 20millionste *VW Käfer* im Volkswagenwerk in Puebla/Mexiko vom Band. Aus Anlass dieses einmaligen Jubiläums in der Automobilgeschichte produzierte das Unternehmen ein Sondermodell, den *Silver Bug*. Der Wagen besaß den 25-kW-(34-PS-)Motor, war aber optisch eine glänzende Erscheinung. Zu seinem Serienausstattungsumfang gehörten eine Lackierung in Silbermetallic und schwarze Dekorstreifen mit dem Schriftzug *»Silver Bug«*. Auf dem Motordeckel befand sich eine entsprechende Plakette, die sich auch im Knopf des Schalthebels wiederfand. Die Innenausstattung bestand aus großkariertem Schottenstoff in schwarz-weißem Dessin als Sitzbezug und bei den Tür- und Seitenverkleidungen. Serienmäßig besaß der *Silver Bug* das UKW/MW-Radio Braunschweig sowie eine beheizbare Heckscheibe und Gürtelreifen. Einige Fahrzeuge dieser *Sonderserie* hatten sogar anstelle der serienmäßigen pneumatischen Waschwasserversorgung eine elektrische Waschwasserpumpe.

Der Verkaufspreis für den *Silver Bug* betrug DM 9380.

Am *31. Juli* entfielen bei allen *VW Typ 1* die Luftschlitze im Motordeckel, und ab Fahrgestell-Nummer 11-3-02 0000 wurde der *Käfer* nur noch mit einer Windschutzscheibe aus Verbundglas ausgeliefert. Zum gleichen Zeitpunkt wurde die Zweikreis-Bremskontrollleuchte in den Tacho integriert.

Am 15. Mai 1981 lief im mexikanischen Volkswagenwerk in Puebla der 20 000 000. Käfer vom Band. Aus Anlass dieses Jubiläums wurde eine Sonderserie unter der Bezeichnung »Silver Bug« verkauft.

VW Passat

Der neue *Passat* eroberte sich vom Start weg einen Spitzenplatz in seinem Marktsegment. Die Karosserie des *Passat* gehörte mit einem c_W-Wert von 0,38 (als *Formel E* sogar nur 0,36) zu den strömungsgünstigsten Schrägheck-Limousinen.
Das *Passat-Programm* bestand aus folgenden Modellen:

Passat C, CL, GL 1,3 Liter 40 kW (55 PS)
Passat C, CL, GL Diesel 1,6 Liter 40 kW (54 PS)
Passat C, CL, GL 1,6 Liter 55 kW (75 PS)
Passat C, CL, GL Formel E 1,6 Liter 55 kW (75 PS)
Passat C, CL, GL 1,6 Liter 63 kW (85 PS)
Passat CL5, GL5 1,9 Liter 85 kW (115 PS)
Passat CL5, GL5 2,0 Liter 85 kW (115 PS) ab 1982.

Alle Ausführungen gab es jetzt als zwei- und viertürige Schrägheck-Limousine mit großer Heckklappe und als fünftürigen Variant. Das 4+E-Getriebe war auch außerhalb der *Formel E* in Verbindung mit allen 1,6-Liter-Motoren (bei 1,9-Liter-Motor serienmäßig) erhältlich.

VW Santana

Im *September 1981* kam zusätzlich zum Fließheck-Modell des *Passat* und zum *Passat Variant* eine Stufenheck-Version unter dem Namen *Santana* auf den Markt, die ausschließlich als Viertürer angeboten wurde. Für die Motorisierung standen alle Vierzylinder-Motoren und der Fünfzylinder-Motor des *Passat II* mit einem Leistungsangebot zwischen 44 kW (60 PS) und 85 kW (115 PS) zur Verfügung. Die Parameter der einzelnen Motoren waren:

Motor	1,3 Liter	1,6 Liter	1,8 Liter ab 1983	1,9 Liter	2,0 Liter ab 1982
Bauart	4-Zylinder-Reihenmotor, wassergekühlt			5-Zylinder-Reihenmotor	
Hubraum (cm^3)	1297	1588	1781	1921	1994
Bohrung (mm)	75	79,5	81	79,5	81
Hub (mm)	73,4	80	86,4	77,4	
Leistung (kW/PS)	44/60	55/75	(63/85)66/90	85/115	
Kompression	8,2 : 1		10,0 : 1		
Drehzahl (1/min)	5800	5600	5200	5900	5400
Drehmoment (Nm 1/min)	85 bei 3400	111,8 bei 3200	153 bei 3500	154 bei 3700	
Anordnung der Ventile	hängend, OHC, Antrieb über Zahnriemen				
Gemischaufbereitung	1 Fallstromvergaser, Solex 35 PDSIT			Bosch Einspritzung	

Motor	1,6 Liter Diesel	1,6 Liter Turbo-Diesel ab 1982
Bauart	4-Zylinder-Reihenmotor, wassergekühlt	
Hubraum (cm^3)	1588	
Bohrung (mm)	76,5	
Hub (mm)	86,4	
Leistung (kW/PS)	40/54	51/70
Kompression	23 : 1	
Drehzahl (1/min)	4800	4500
Drehmoment (Nm 1/min)	102 bei 2000	133 bei 2600
Anordnung der Ventile	hängend, OHC, Antrieb durch Zahnriemen	
Vergaser	Verteiler Einspritzpumpe, Bosch, Abgas-Turbolader	

In diesem Jahr bekam auch die Passat-Reihe ein Modell für Käufer mit konventionellem Geschmack: den Santana.

Bei den Zusatzaggregaten und der Technik entsprachen die *Santana-Modelle* den *Passat-II-Modellen*. Die äußeren Abmessungen waren zum Teil geringfügig größer.

Abmessungen und Gewichte	
Radstand (mm)	2550
Länge (mm)	4545
Breite (mm)	1695
Höhe (mm)	1385

Bei den Fahrleistungen waren Schrägheck- und Stufenhecklimousine identisch.

VW Golf

Beim *Golf* wurde im *August 1981* die Serienausstattung erheblich erweitert, was besonders deutlich beim *C-Modell* auffiel. Dieses Modell trat an die Stelle des bisherigen Grundmodells und verfügte über eine Verbundglas-Windschutzscheibe, Halogenscheinwerfer, Heckscheibenwischer/-wascher, Bremskraftverstärker, Gepäckraumabdeckung sowie eine Gasfeder-Abstützung für die Heckklappe. Hinzu kamen Rückfahrleuchten, Parklicht und ein abschließbarer Tankdeckel. Auch der Innenraum wurde überarbeitet. Hier konnte der Kunde zwischen zwei freundlichen Innenausstattungen wählen, die mit allen Außenfarben kombinierbar waren.

Beim *Golf CL* wurde durch ein farbenfreudiges Interieur und zusätzliche Außendetails mehr die komfortable, beim *Golf GL* durch eine optimale Gesamtausstattung die luxuriöse Seite betont. Hier gehörten sogar das Doppeltonhorn und die Scheinwerfer-Reinigungsanlage zur Serienausstattung.

Das *Golf Cabrio* folgte in allen Details dieser Modellstruktur.

VW Jetta

Im *August 1981* wurde das *Jetta-Programm* mit den Varianten *C, CL, GL, CLI* und *GLI* ausstattungsmäßig aufgewertet, wobei der *Jetta C* die funktionale Richtung vertrat und der *Jetta CL* die Komfortlinie. Die *Formel E* war beim *Jetta* an den 37-kW-(50-PS-)Motor gekoppelt, der auch in den *Golf* eingebaut wurde und zu den sparsamsten Benzinmotoren seiner Leistungsklasse gehörte.

Im *März 1982* wurde der neue *Turbo-Dieselmotor* vorgestellt, der in *Jetta, Golf, Passat* und *Santana* passte. Dieser Motor gab dem gesamten Typenprogramm von Volkswagen neuen Schwung. Seine Leistungsdaten werden oben beim *Santana* beschrieben. Die Fahrleistungen des *Jetta* mit diesem Motor waren:

Fahrleistungen und Verbrauch	
Höchstgeschwindigkeit (km/h)	155
Beschleunigung 0–100 (sec)	13,6
Verbrauch (l/100 km)	6,7

Der neue 1,6-Liter-Turbodiesel-Motor mit einer Leistung von 51 kW (70 PS), der nach und nach in alle VW-Pkw-Modelle eingebaut wurde und diesen entsprechende Fahrleistungen ermöglichte.

Da das Turbo-Aggregat höher beansprucht wurde als der vergleichbare Saugmotor und auch der Lader geschmiert werden musste, waren am Hauptkanal vier Spritzdüsen angesetzt, die bei Erreichen eines bestimmten Grenzwerts für den Öldruck Ölstrahlen gegen die Unterseite der Kolben richteten. Hierdurch wurde ein guter Teil der Wärme abgeführt und außerdem die Schmierung der Zylinderlaufbahnen verbessert. Die Lagerung des Turboladers war an den Motoröl-Kreislauf angeschlossen. Trotz dieses technischen Mehraufwands erhöhte sich das Motorgewicht lediglich um sieben Kilogramm.

Ansonsten waren beim Turbo-Diesel einige Veränderungen am Motor notwendig. Die Zylinderblock-Kurbelhaus-Einheit musste verstärkt werden, kräftigere Zylinderkopfschrauben und eine Präzisionsdichtung waren erforderlich. Die Legierung für den Aluminium-Zylinderkopf wurde durch Reduzierung des Eisenanteils und Veredelung durch Natrium verbessert. Die Ventile und die Sitzringe waren warmfester. Der Abgaskrümmer bestand wegen der höheren Temperaturen des Turbo-Diesels aus Niresit, einem besonders warmfesten Stahl. Insgesamt gab es 30 Unterschiede zum Saugdiesel.

VW Scirocco II

Sieben Jahre nach Produktionsbeginn im Jahre *1974* ging der *Scirocco II* an den Start. Der neue *Scirocco* hatte vieles gemeinsam mit seinem Vorgänger: Neu war allerdings die Karosserie mit einem passagierfreundlichen Innenraum und einem um 74 Liter gewachsenen Gepäckraum. Auch die Aerodynamik war verbessert worden. Das Fahrzeug glänzte jetzt, dank der gemilderten Karosseriekanten und des Verzichts auf störende Elemente, mit einem c_W-Wert von nur 0,38, was sich, in Verbindung mit einer gewichtsparenden Bauweise und sparsamen Motor-Getriebekombinationen positiv auf den Verbrauch auswirkte. Wie beim Außenstyling ging der *Scirocco II* auch beim Innendesign eigene Wege.

Insgesamt war die Karosserie um 16,5 Zentimeter gewachsen, von denen 9,5 Zentimeter allein dem Kofferraum zugutekamen, der jetzt 414 Liter fasste. Der Innenraum selbst blieb unverändert. Dennoch war der Sitzraum für Fahrer und Beifahrer großzügiger ausgelegt als beim Vorläufer. Der Beinraum wurde vergrößert, an den Seiten wurde durch ausgeformte Türverkleidungen in Ellenbogenhöhe mehr Bequemlichkeit erreicht. Die Kopffreiheit nahm vorn um zehn, hinten sogar um 18 Millimeter zu.

Bei der Motorisierung hatte der Kunde die Wahl zwischen vier verschiedenen Aggregaten, die alle über eine elektronische Zündanlage verfügten.

Motor	1,3 Liter	1,5 Liter	1,6 Liter	1,6 Liter
Bauart	4-Zylinder-Reihenmotor, wassergekühlt			
Hubraum (cm^3)	1272	1457	1588	1588
Bohrung (mm)	75	79,5	79,5	79,5
Hub (mm)	72	79,4	80	80
Leistung (kW/PS)	44/60	51/70	63/85	81/110
Kompression	8,2:1	8,2:1	8,2:1	9,5:1

Drehzahl (1/min)	5600	5600	5600	6100
Drehmoment (Nm 1/min)	85 bei 3400	107,9 bei 3500	111,8 bei 3200	137,5 bei 5000
Anordnung der Ventile	hängend, OHC, Antrieb über Zahnriemen			
Gemischaufbereitung	1 Fallstromvergaser Solex 35 PDSIT			Kraftstoff-Einspritzung Bosch K-Jetronic
Zusatzaggregate und Technik				
Anlasser (PS)	0,5	0,7	0,7	0,7
Lichtmaschine (W)	490, Drehstrom			
Batterie (V/Ah)	12/36 oder 12/63			
Kupplung	Einscheibentrockenkupplung			
Getriebe	4 V, 1 R oder 5 V, 1 R			
Antrieb	Frontantrieb, Motor-Getriebe-Block quer vor der Vorderachse			
Vorderradaufhängung	McPherson-Federbeine, Querlenker, Schraubenfedern, Stabilisator			
Hinterradaufhängung	Starrachse, Längslenker, Schraubenfedern			
Lenkung	Zahnstange			
Bremse	Diagonal-Zweikreisbremse, vorn Scheiben, hinten Trommeln			
Felgenart	Lochscheiben, 5 J × 13; 5,5 J × 13; 6 J × 13			
Abmessungen und Gewichte				
Reifengröße	155 SR 13	175/70 SR 13		185/60 HR 14
Radstand (mm)	2400			
Spur vorn/hinten (mm)	1390/1358			1404/1372
Länge (mm)	4050			
Breite (mm)	1625			1645
Höhe (mm)	1280			
Höchstgeschwindigkeit (km/h)	156	164	174	190
Beschleunigung 0–100 (sec)	14,8	13,3	11,8	9,5
Leergewicht (kg)	830	855	855	895
Tankinhalt (l)	55			
Verbrauch (l/100 km)	8,5	9,0	8,5	7,9

Das *Grundmodell* war die komplett ausgestatte *L-Version* mit Verbundglas-Windschutzscheibe und Halogen-H4-Hauptscheinwerfern. Die *GL-Ausstattung* war entsprechend höherwertiger, die *GT-Variante* betonte mehr die Sportlichkeit. Auf Zierrat konnte bei dem neuen Konzept weitgehend verzichtet werden. Es überwogen bei allen drei Ausstattungsstufen die Gemeinsamkeiten: eine Armaturentafel mit blend- und spiegelfreien Rundinstrumenten – beim *GL-Modell* in fünf Farben –, die ausgeformten Türseitenteile, die Heizung und Lüftung mit individuell einstellbaren Ausströmern seitlich und in der Mitte, die Vollschaum-Liegesitze mit Dreipunkt-Automatikgurten vorn und die Beckengurte mit Retractor hinten, der Klapp-

Der neue Scirocco unterschied sich von seinem Vorgänger auf den ersten Blick durch seine gerundeten Karosserieformen, die ihm etwas von seinem markanten, aggressiven Aussehen nahmen. Zum Bedauern vieler Fans!

mechanismus der Rückenlehne mit Gepäckraumabdeckung, die beheizbare Heckscheibe und die wichtigen Instrumente und Kontrollen einschließlich Rückfahrleuchten und Nebelschlussleuchte. Außen gehörten kunststoffummantelte Stoßfänger, Front- und Heckspoiler sowie gestylte Scheibenräder zu den Erkennungsmerkmalen des *Scirocco II*.

Der *Scirocco GL II* war äußerlich an blanken Einlagen in Dach- und Seitenleisten sowie an den Halogen-Breitbandscheinwerfern mit im Kühlergrill integrierten Nebenscheinwerfern identifizierbar. Im Innenraum fielen das Vierspeichen-Sportlenkrad, der Drehzahlmesser, die Digitaluhr und der Veloursbelag auf der Gepäckraumablage als modellspezifische Erkennungsmerkmale auf.

Beim *Scirocco GT II* stand der funktionell-sportliche Charakter im Vordergrund. Er fiel durch seine Halogen-Doppel-Rechteckscheinwerfer auf. Bei der Auswahl der Polsterstoffe dominierten großzügige Designs in strapazierfähiger Qualität. Die Sportsitze waren höhenverstellbar. Die an sich schon komplette Instrumentierung wurde durch ein Ölthermometer ergänzt, das sich in der Mittelkonsole befand.

Front- und Heckspoiler sorgten neben einem im Detail verbesserten, sonst aber mit dem Vorgängermodell identischen Fahrwerk für ein optimales Fahrverhalten. Unverändert blieben der niedrige Schwerpunkt sowie die für die Richtungsstabilität vorteilhafte Gewichtsverteilung von 60:40. Federbeine und leicht negativer Sturz der Vorderräder sowie präzise Radführung der Hinterräder an Verbundlenkern mit Stabilisatorwirkung waren die Voraussetzung für die gute Straßenlage. Scheibenbremsen vorn – beim *81-kW-Scirocco-II* innenbelüftet – sorgten bei den erreichbaren hohen Endgeschwindigkeiten für ausreichende Sicherheit. Alle Modelle verfügten serienmäßig über einen Bremskraftverstärker und -regler.

Innenansicht des Scirocco GT II mit Sportsitzen vorn und einer übersichtlichen Instrumententafel. Kennzeichnend für dieses Modell war die Mittelkonsole mit dem Ölthermometer.

VW Polo II

Der neue *Polo II* wurde mit dem Ziel konzipiert, auf gleicher Grundfläche mehr nutzbaren Raum zu schaffen. Die Konsequenz aus diesem Lastenheft war ein Zweitürer mit Steilheck, eine Karosserieform zwischen Limousine und Kombi. Ein geräumigerer Innenraum, ein größerer Gepäckraum und variable Nutzungsformen waren typisch für den neuen *Polo*.
Grundsätzlich wurden die Motoren aus dem Vorgängermodell übernommen, allerdings mit einer Ausnahme. Der 0,9-Liter-Motor wurde durch einen 1,05-Liter-Motor mit gleicher Leistung, jedoch abgesenkter Drehzahl und erhöhtem Drehmoment ersetzt.

Motor	1,05 Liter
Bauart	4-Zylinder-Reihenmotor, wassergekühlt
Hubraum (cm³)	1043
Bohrung (mm)	75
Hub (mm)	59
Leistung (kW/PS)	29/40
Kompression	9,5 : 1
Drehzahl (1/min)	5300
Drehmoment (Nm 1/min)	72,6 bei 2700
Anordnung der Ventile	hängend, OHC, Antrieb durch Zahnriemen
Vergaser	1 Fallstromvergaser Solex 31 PICT-5
Fahrleistungen und Verbrauch	
Höchstgeschwindigkeit (km/h)	135
Beschleunigung 0–100 (sec)	21,2
Verbrauch (l/100 km)	7,9

Nicht neu, aber erheblich verbessert war das HSC-Verbrennungsverfahren (High Compression and Squish) dieses Motors, das eine Erhöhung der Verdichtung von 8,0 auf 9,5 erlaubte. Trotzdem konnte der Motor mit Normalbenzin betrieben werden.
Die übrige Motorenpalette bestand aus dem 37-kW-(50-PS-)Motor mit 1092 cm³ Hubraum, Normalbenzin

Schnittzeichnung des neuen 1,05-Liter-Motors des VW Polo, hier schon mit Monojetronic. Die Leistung betrug 29 kW (40 PS).

(als *Formel E* Superbenzin) und dem 44-kW-(60-PS-) Motor mit 1272 cm³ Hubraum, Normalbenzin.
Drei Ausstattungsvarianten gab es vom *Polo II*, die Strapazierversion *Polo C*, die mit allen funktionell wichtigen Merkmalen ausgestattet war, den *Polo CL* mit einem jugendlich-freundlichen Charakter und den *Polo GL* als Luxusausführung mit vielen serienmäßigen Extras.
Beim Fahrwerk wurden die positiven konstruktiven Elemente wie Frontantrieb, günstige Gewichtsverteilung und spurstabilisierender Lenkrollradius übernommen.
Die äußeren Abmessungen des Vorgängers blieben beim neuen Konzept eines Steilheck-Fahrzeugs weitgehend erhalten. Bei etwa gleicher Gesamtlänge wurde durch das verlängerte Dach über den Rücksitzen 22 Millimeter Kopfraum gewonnen. Selbst für die vorn sitzenden Insassen konnten sechs Millimeter mehr Kopffreiheit erreicht werden. Das Komfortmaß, die Länge vom Gaspedal über die Sitzflächen bis zur Fondlehne, blieb mit 1,80 Metern konstant. Durch eine günstige Sitzgestaltung konnten jedoch zwölf Millimeter Raumlänge gewonnen werden. Die Ellenbogenbreite wuchs durch Ausformung der Türverkleidungen um 32 Millimeter. Der Kofferraum wuchs auf 265 Liter. Da sich die Rückenlehne der Fondsitzbank

Der Polo II war karosseriemäßig eine Kombination zwischen Limousine und Kombi.

steiler stellen ließ, konnte der Gepäckraum noch einmal ohne Komforteinbußen für die hinten sitzenden Passagiere vergrößert werden. Bei umgeklappter Rücksitzbanklehne entstand ein Laderaum von 645 Litern bis zur Unterkante der Seitenfenster, bis zur Dachhöhe waren es rund 1000 Liter. Durch eine Abdeckung über dem Gepäckabteil entstand im Innenraum eine zusätzliche Ablagefläche.

Die Heckklappe reichte bis hinunter zu den Stoßfängern. Die untere Ladekante lag um 170 Millimeter tiefer als bisher. Die Passagierzelle war besonders verwindungssteif und von einer stabilen Sicherheitszone umgeben, die durch große Querschnitte und spezielle Profile in Türen, Seitenteilen und Dach gebildet wurde. Die energieverzehrende Wirkung der Front- und Heckteile wurde optimiert. Hochwertiges verformbares Material ließ die Armaturentafel beim Aufprall nachgeben. Die Lenksäule besaß ein Ausklinkelement, das ein Eindringen in den Innenraum unterband. Vom Vorgängermodell wurden die dort schon optimierten Sicherheitselemente übernommen.

Die Technik und die Abmessungen dieses »Raumwunders von VW« waren vorbildlich für einen Kleinwagen in dieser Klasse:

Zusatzaggregate und Technik	
Lichtmaschine (W)	490 (Drehstrom 35 A)
Batterie (V/Ah)	12/36
Kupplung	Einscheibentrockenkupplung
Getriebe	4 V + 1 R oder 5 V + 1 R
Antrieb	Frontantrieb, Motor-Getriebe-Block quer vor der Vorderachse
Vorderradaufhängung	McPherson-Federbeine, Querlenker, Schraubenfedern, Stabilisator
Hinterradaufhängung	Federbeine, Längslenker, Schraubenfedern, stabilisierender Querträger
Lenkung	Zahnstange
Bremse	Zweikreis-Diagonal-Hydraulik, vorn Scheiben, hinten Trommeln
Felgenart	Lochscheiben 4,5 J × 13, 37 und 44 kW wahlweise 155/70 SR 13

Abmessungen und Gewichte	
Reifengröße	135 SR 14 bis 155/70 SR 13
Radstand (mm)	2335
Spur vorn/hinten	1306/1332
Länge (mm)	3655
Breite (mm)	1580
Höhe (mm)	1355
Leergewicht (kg)	700–720
Tankinhalt (l)	36

Ein Blick auf das neu gestaltete Cockpit des Polo CL.

Die Karosserie war sorgfältig gegen Korrosion geschützt. Gefalzte Türen und Deckel und eine Auskleidung der vorderen Kotflügel mit Kunststoffschalen gehörten zur Standardausstattung aller *Polo II*. Alle Hohlräume wurden mit Wachs geflutet. Die Lackierung mit Kataphorese-Tauchgrundierung war die Basis für langjährige Garantie gegen Durchrostung.

VW Derby

Im Jahre *1981* ging auch die zweite Generation des *Derby* an den Start, bei dem, trotz technischer Gleichheit, aber im Gegensatz zum *Polo II*, mehr Wert auf repräsentative und großzügige Elemente gelegt wurde. Der Wagen war um 32 Zentimeter länger als der *Polo II* und verfügte über einen Gepäckraum von 540 Litern.

Das technische Grundkonzept des Vorgängermodells war beim *Derby II* grundsätzlich beibehalten worden: Quermotor und Frontantrieb. Die Parameter hatten sich jedoch in einzelnen Details verändert, wie zum Beispiel durch den Einbau eines 1,05-Liter-Motors anstelle des bisherigen 0,9-Liter-Motors. Damit entsprach die Motorisierung grundsätzlich der des *Polo II*. Lediglich bei Abmessungen und Gewichten gab es Unterschiede.

Abmessungen und Gewichte	1,05-l-Motor	1,1-l-Motor	1,3-l-Motor
Reifengröße wahlweise	135 SR 14	145 SR 13 155/70 SR 13	155 SR 165/65 SR 13
Spur vorn/hinten (mm)		1306/1332	
Radstand (mm)		2335	
Länge (mm)		3975	
Breite (mm)		1600	
Höhe (mm)		1355	
Höchstgeschwindigkeit (km/h)	135	146	155
Beschleunigung 0–100 (sec)	21,2	15,4	13,0
Leergewicht (kg)	715	725	735
Tankinhalt (l)		36	
Verbrauch (l/100 km)	6,1	7,6	7,8

Selbstverständlich gab es dieses Fahrzeug mit der sparsamen *Formel-E-Kombination*.
Den *Derby II* gab es, analog zum *Polo II,* in einer *C-Ausstattung,* als *Derby L* sowie als *Derby GL*. Zielsetzung beim *Derby II* war, ohne wesentliche Vergrößerung der Außenmaße mehr Raum zu schaffen. Das Komfortmaß betrug 1800 Millimeter, die vordere Ellenbogenbreite war auf 1322 Millimeter angewachsen, die Kopfhöhe vorn um sechs Millimeter, hinten um zwölf Millimeter. Dass der *Derby II* erwachsen geworden war, zeigte sich auch am bequemeren Einstieg und an der guten Sicht durch die größeren Fenster. Durch Festigkeitsoptimierung war das Gesamtgewicht des Fahrzeugs dagegen kaum angestiegen.
Der äußeren Form widmeten die Konstrukteure besondere Aufmerksamkeit und hier wiederum der Aerodynamik. Der c_W-Wert konnte auf 0,40 abgesenkt werden, was einen Spitzenwert bei Stufenheck-Limousinen darstellte. Die Kombination von leichter Bauweise und optimierter Aerodynamik führte selbst beim 1,05-Liter-Motor zu beachtlichen Fahrleistungen und Beschleunigungswerten.
Das Fahrwerk konnte wegen seiner hohen Qualität fast unverändert vom Vorgängermodell übernommen werden. Die Scheibenbremsen wurden jedoch auf zehn Millimeter Scheibendicke verstärkt.
Im Innenstyling war der *Derby II* weitestgehend mit dem *Polo II* identisch. Er zeichnete sich durch seine zweckmäßige, strapazierfähige Gestaltung im Innenraum aus. Die Polsterstoffe und Verkleidungen waren robust und unempfindlich. Der Kunde hatte zwei Farbtöne zur Auswahl. Die Sitze mit ihren angeformten Kopfstützen waren komfortabel und körpergerecht. Die Fondsitzlehnen waren im Kopfbereich zur Unterstützung der Nackenwirbel angeformt. Serienmäßig waren auch ein dreistufiges Heiz-/Lüftungsgebläse, schwenkbare Sonnenblenden, Automatik-Sicherheitsgurte vorn sowie statische Beckengurte hinten.
Bei den Außenfarben standen alle Lackierungen, einschließlich der Metallic-Farben, zur Verfügung. Die Stoßfänger verfügten über Kunststoffabdeckungen. Das *C-Modell* besaß eine Verbundglas-Windschutzscheibe, eine beheizbare Heckscheibe, einen abschließbaren Tankdeckel und Rückfahrleuchten.

Der neue Derby war eindeutig erwachsener geworden, und das ohne größeren Zuwachs bei den äußeren Abmessungen.

Beim *CL-Modell* konnte der Kunde zwischen vier Innen-Dessins wählen. Die Armaturentafel gab es in zwei Farben. Die Scheibenwischer verfügten über eine zusätzliche Intervallstufe, eine elektrische Scheibenwaschanlage und eine Wisch-Wasch-Automatik. Eine elektrische Zeituhr war ebenso serienmäßig wie ein Tageskilometerzähler. Das Lenkrad war umschäumt, und es gab zusätzliche Ablagen in den Türen. Außen war der *Derby CL II* an dezenten Zierleisten an den Stoßfängern und am Kühlergrill zu erkennen. Die Mittelpfosten waren schwarz abgedeckt und die Räder erhielten sternförmige Dekorblenden. Das *GL-Modell* profilierte sich äußerlich durch weitere Zierleisten, blanke Zierrahmen an Front- und Heckscheibe, Felgen-Zierringe und eigens gestylte Kunststoff-Radblenden. Innen fiel das Fahrzeug durch aufwendige Polster- und Verkleidungsstoffe sowie stilistische Besonderheiten wie die chromfarbenen Umrandungen an Armaturentafel und Türen auf, die den luxuriösen Interieur-Charakter bestimmten. Der Kunde hatte die Auswahl zwischen vier Farben bei den Polsterstoffen und den Farben Schwarz, Sattelbraun und Aubergine bei der Armaturentafel. Zu den weiteren serienmäßigen Ausstattungsdetails gehörten von innen verstellbare Außenspiegel, Scheinwerfer-Reinigungsanlage und Doppeltonhorn.
Für alle *Derby-Modelle* standen fünf verschiedene Radios zur Verfügung, davon drei mit Stereo und zwei mit Kassettenteil.

1982: Modellpflege

VW Typ 1

Im *Frühjahr 1982* wurde als Sondermodell wieder ein *Jeans-Käfer* unter der Bezeichnung *Jeans-bug* angeboten. Die zur Auswahl stehenden Außenfarben waren Alpinweiß oder Marsrot. Die einheitliche Sonderausstattung bestand aus schwarzen Dekorsteifen im unteren Bereich der Tür- und Seitenteile mit dem Aufdruck *»Jeans-bug«* und dem Schriftzug *»Jeans-bug«* auf dem Motordeckel. Die Stoßfänger vorn und hinten waren mit einem silberfarbenen Dekorstreifen ausgelegt. Schwarz waren die folgenden Teile: Auspuffrohr, Fensterrahmen, Zierleisten, Abdeckringe für die Scheinwerfer, Deckel- und Türschlösser, Zierleisten und Trittbrett, Radkappen, Antenne und Außenspiegel. Zur Innenausstattung gehörten das VW-Radio »Salzgitter« und Sitzbezüge in Jeans-Stoff mit Taschen an den Vordersitzen. Tür- und Seitenverkleidungen bestanden aus blauem Kunstleder. Der Schalthebelknopf hatte den Schriftzug *»Jeans«*. Die Kopfstützen waren mit Jeans-Stoff bezogen. Seitlich an den Sitzen befand sich ein Lederemblem mit dem Schriftzug *»Jeans«*. Der *Jeans-bug* kostete DM 9995. Insgesamt gab es 1800 Fahrzeuge dieses Sondermodells.

Im *September* des gleichen Jahres kam der *Special-bug* zu den Händlern, den es in den Farben Marsrot und Schwarzmetallic gab. Auch bei ihm waren wieder verschiedene Details in Schwarz gehalten: Auspuffendrohr, Stoßfänger vorn und hinten mit goldenem Dekorstreifen, Zierrahmen und Zierleisten, Rückleuchten mit schwarzem Lampenträger, Abdeckringe für die Scheinwerfer, Deckel- und Türschlösser, Trittbrettbezug, Radzierringe, Radkappen, Antenne und Außenspiegel. Goldfarben waren: die Dekorstreifen oberhalb der Einstiegsleiste und unter der Seitenzier-

Der Jeans-bug war das erste Käfer-Sondermodell des Jahres 1982. Mit diesen preisgünstigen Fahrzeugen versuchte das Werk das Ende des Käfers in Europa noch eine Weile hinauszuzögern.

Das zweite Sondermodell des Jahres 1983 war der Special-bug, den es auch wieder mit einer einheitlichen Ausstattung gab. Die Gesamtstückzahl lag bei 2000 Exemplaren.

leiste, der Schriftzug *»Special-bug«* auf dem Motordeckel hinten und auf der Kofferraumhaube vorn. Zur Innenausstattung des *Special-bug* gehörten das VW-Radio »Salzgitter«, Sitzbezüge aus Leder/Stoff, wobei die Mittelbahn ein Schottenkaro in Schwarz-gold aufwies. Der Schalthebelknopf hatte den Schriftzug *»Special-bug«*. Die Kopfstützen der Vordersitze waren mit schwarzem Stoff bezogen. Der Verkaufspreis für die 2000 *Special-bugs* lag bei DM 10 045.

Sonstige Modellpflegemaßnahmen an der laufenden Serie gab es nicht.

VW Passat/VW Santana

Beim *Passat* gab es 1982 keine nennenswerten Produktpflegemaßnahmen.

Beim *Santana* wurden die Typenbezeichnungen geändert, und zwar in *Santana LX* und *GX*. Außerdem bekam die Modellreihe zusätzlich zu den bisherigen Motoren auch den 1,6-Liter-Turbo-Diesel mit 51 kW (70 PS), dessen technische Daten im Baujahr 1981 bereits beschrieben wurden.

Neu im Modellprogramm waren der Santana LX und GX.

Der *Santana GX* erhielt serienmäßig eine Zentralverriegelung, einen höhenverstellbaren Fahrersitz und Leichtmetallfelgen der Dimension 5,5 J × 13 mit Reifen der Größe 185/70 SR 13.

VW Golf

Der *Golf GTI* bekam einen neuen, leicht leistungsstärkeren Motor, der aus 1,8 Litern Hubraum 82 kW (112 PS) abgab. Die einzelnen technischen Parameter dieses Motors lauteten:

Motor	**1,8 Liter**
Bauart	4-Zylinder-Reihenmotor, wassergekühlt
Hubraum (cm³)	1781
Bohrung (mm)	81,0
Hub (mm)	86,4
Leistung (kW/PS)	82/112
Kompression	10,0 : 1
Drehzahl (1/min)	5800
Drehmoment (Nm 1/min)	134,4 bei 3500
Anordnung der Ventile	hängend, OHC, Antrieb über Zahnriemen
Gemischaufbereitung	Einspritzanlage Bosch
Abmessungen und Fahrleistungen	
Höchstgeschwindigkeit (km/h)	191
Beschleunigung 0–100 (sec)	9,7
Verbrauch (l/100 km)	10,9

Die Wartungsintervalle aller Volkswagen-Motoren wurden verlängert, für die Dieselmotoren auf 7500 Kilometer, für alle Ottomotoren auf 15 000 Kilometer. Die Zwischenintervalle beim Ottomotor entfielen. Die elektrische Zuverlässigkeit erhöhte eine Zentralelektrik, bei der mehr Stromkreise und eine veränderte Aufteilung die Gefahr der Überlastung einzelner Sicherungen vermieden.
Übersichtlicher wurde das Volkswagen-Programm durch den Wegfall wenig gefragter Kombinationen von Fahrzeugen, Motoren und Getrieben. So entfiel für den *Golf* und den *Scirocco* der 1,3-Liter-Motor mit 44 kW (60 PS). Der neue 1,8-Liter-Motor mit 82 kW (112 PS) blieb auf den *Golf GTI*, das *Golf Cabriolet GLI* und den *Scirocco* beschränkt.

Schnittzeichnung des neuen 1,8-Liter-Einspritzmotors mit 82 kW (112 PS) Leistung für den Golf GTI.

Neu im *Golf* war eine Multifunktionsanzeige, die den Fahrer über die Uhrzeit, die Fahrzeit, die Fahrstrecke, die Durchschnittsgeschwindigkeit, den Durchschnittsverbrauch, die Öltemperatur und die Außentemperatur unterrichtete. Die einzelnen Werte konnten durch Drücken einer Taste am Blinkerhebel in der genannten Reihenfolge abgerufen werden.

VW Jetta

Am *Jetta* gab es *1982* keine nennenswerten Modellpflegemaßnahmen.

VW Scirocco

Am *17. September 1982* stand bei den jetzt *VAG-Partner* genannten Volkswagen-Händlern der *Scirocco GTS* in den Schaufenstern, ein in Ausstattung und Preis besonders interessantes Modell. Den Wagen gab es in den neuen Metallicfarben Kometenblau und Diamantsilber sowie in Marsrot. Mit dekorativen Sei-

Ein einmaliges Modell war der Scirocco T-Roof, ein Prototyp aus dem Jahre 1982, dessen Hardtop-Dach teilweise herausnehmbar war. Der Wagen blieb ein Einzelstück.

tenstreifen zeigte sich das neue Modell von einer betont sportlichen Seite. Motorisiert war der *Scirocco GTS* entweder mit dem 1,6-Liter-Vergasermotor mit 63 kW (85 PS), kombiniert mit einem 4+E-Schaltgetriebe oder mit dem 1,8-Liter-Einspritzmotor mit 82 kW (112 PS) mit einem sportlich abgestuften Fünfgang-Schaltgetriebe.

Auch die Innenausstattung des *GTS* zeichnete sich durch Sportlichkeit aus. Neben den Sportsitzen vorn gab es in der Mittelkonsole ein Ölthermometer, ein Sportlenkrad und einen Golfball-Schalthebelknopf. Weitere Ausstattungsdetails waren Ablagekästen in den Türen, Zigarrenanzünder und von innen verstellbare Außenspiegel. Die 63-kW-Version fuhr auf Reifen der Größe 175/70 SR 13, die auf Stahlfelgen der Dimension 5,5 J × 13 aufgezogen waren, die stärkere Version erhielt die gleiche Reifengröße, allerdings in HR-Ausführung.

VW Polo II

Mit dem *Polo Coupé* ergänzte das Volkswagenwerk *1982* sein Modellprogramm. Dieses Fahrzeug war eine sportliche Alternative zum zweckmäßigen *Steilheck-Polo:* temperamentvoll und handlich, übersichtlich und fahrsicher. Trotzdem musste man nicht auf Gebrauchsnutzen verzichten, denn das *Polo Coupé* war als Fünfsitzer zugelassen und bot unter der Heckklappe ausreichend Platz für entsprechendes Gepäck. Bei umgeklappter Rückbank stand sogar fast ein Kubikmeter Transportraum zur Verfügung.

Im Innenraum dominierte Schwarz in Verbindung mit schwarz-roten oder schwarz-silbernen Stoffen für die Sitz-Mittelteile und die Türspiegel, schwarze Seiteneinfassungen, schwarze Armaturentafel mit Mittelkonsole und schwarzer Dachhimmel. Zur Serienausstattung gehörten ein Drehzahlmesser, eine Digital-Zeituhr, Leuchtkennzeichnung für die Bedienung von Heizung und Lüftung, Scheibenwischer-Intervallschaltung, Wisch-Wasch-Automatik, Halogen-Scheinwerfer, Rückfahrleuchten und die Parklichtschaltung. Als Außenfarben standen die Lackierungen Schwarz, Alpinweiß, Marsrot, Diamantsilbermetallic und die Exklusivfarbe Kometenblaumetallic zur Verfügung.

Das Schrägheck und der Heckspoiler, der organisch in den hinteren Dachrand einbezogen wurde, machten das *Polo Coupé* unverwechselbar. Auch die Front wurde akzentuiert: durch einen schwarz abgesetzten Spoiler und beim *Polo Coupé GT* durch zusätzliche Halogen-Nebelscheinwerfer im Kühlergrill. Der Luftwiderstandsbeiwert war mit c_W 0,39 sehr günstig und

Das neue Polo Coupé war ein elegantes, sportliches Auto, das ambitionierte Fahrer mit schmalem Geldbeutel ansprach, die sich von der Masse abheben wollten.

verhalf dem Fahrzeug zu hohen Endgeschwindigkeiten und niedrigem Treibstoffverbrauch.

Für die Motorisierung des *Polo Coupé* standen die aus dem *Polo Steilheck* bekannten und bewährten 1,1-Liter- mit 37 kW (50 PS), 1,3-Liter- mit 44 kW (60 PS) und 1,3-Liter-Motoren mit 55 kW (75 PS) zur Verfügung. Fahrleistungen und Verbrauch sind in der folgenden Tabelle wiedergegeben:

Motor	1,1 Liter 37 kW	1,3 Liter 44 kW	1,3 Liter 55 kW
Höchstgeschwindigkeit (km/h)	146	155	167
Beschleunigung 0–100 (sec)	15,4	13,0	11,5
Verbrauch (l/100 km)	8,3	8,1	7,4

Das Fahrwerk des *Polo Coupés* wurde dem sportlichen Charakter angepasst. Wegen der höheren Motorleistung erhielt das *Polo Coupé GT* ein um 15 Millimeter abgesenktes Fahrwerk mit verstärkten Federbeinen, strafferer Feder-Dämpfer-Abstimmung, Lenkungsdämpfer und Stabilisator an der Hinterachse. Außerdem verfügte der *Polo GT* über einen Bremskraftregler.

Das *GT-Modell* war zusätzlich durch einen entsprechenden Schriftzug an Kühlergrill und Heckklappe gekennzeichnet.

VW Derby

Nach der Modelleinführung des *Derby II* im vorangegangenen Jahr gab es *1982* für dieses Volkswagen-Modell keine nennenswerten Produktpflegemaßnahmen.

1983: Modellpflege

VW Typ 1

An der normalen Serie gab es beim *VW Typ 1* keine Modellpflegemaßnahmen, aber es gab wieder zwei *Sondermodelle:* den *Lady-Bug/Aubergine-Käfer* und den *Winter-Käfer.* Ersterer wurde in einer Stückzahl von 1400 Einheiten gebaut, vom *Winter-Käfer* gab es 2000 Exemplare.

Der *Aubergine-Käfer* bot eine harmonisch abgestimmte Sonderausstattung. Außen war er in Aubergine-metallic lackiert, einschließlich der Felgen. Er besaß zudem verchromte Radzierringe. Dazu kamen silberfarbene Doppel-Dekorstreifen an den Seiten. Die Sitze waren mit auberginefarbenen Sitzbezügen, die in der Mitte gestreift waren, bezogen. Auch die Kopfstützen, bei denen Stoff mit Kunstleder kombiniert wurde, waren im gleichen Farbton gehalten, der sich in den Tür- und Seitenverkleidungen wiederholte.

Der Aubergine Bug war ein Sondermodell, der vor allem die Damenwelt ansprechen sollte.

Zur Serienausstattung gehörte außerdem das VW-Radio Braunschweig II.

Die 2000 *Winter-Käfer* wurden ab dem *16. September 1983* verkauft.

Auch der Winter-Käfer war ein Modell, das die Verkaufszahlen des Käfers noch einmal steigern konnte. Seine Ausstattung war – im Verhältnis zum Verkaufspreis – attraktiv.

VW Passat

Nach Beendigung der Werksferien Ende *August 1983* bekamen die *Volkswagen-Modelle* geänderte Motoren, die speziell auf einen kräftigeren Antritt bei niedrigen Drehzahlen ausgelegt waren. Dadurch erlangten die Motoren eine höhere Elastizität und boten durch Absenkung des Geräuschpegels einen weiter verbesserten Fahrkomfort. Das aktuelle Motorenprogramm baute sich auf drei Grundkonstruktionen auf:
EA 801 für *Polo, Polo Coupé* und *Derby*
EA 827 für *Passat, Santana* und *Scirocco*
EA 828 für *Passat* und *Santana.*
Erhebliche Verbesserungen wurden beim EA-827-Motor erreicht, bei dem es darum ging, Reibverluste zu minimieren und den Drehmoment-Charakter zu verbessern. Die Ausführung mit 66 kW (90 PS) wurde bereits im *Januar 1983* in den *Passat* und den *Santana* eingebaut. Die technischen Parameter dieses Motors waren:

Motor	1,8 Liter
Bauart	4-Zylinder-Reihenmotor, wassergekühlt
Hubraum (cm³)	1781
Bohrung (mm)	81
Hub (mm)	86,4
Leistung (kW/PS)	66/90
Kompression	10,0 : 1
Drehzahl (1/min)	5200
Drehmoment (Nm 1/min)	145 bei 3300
Anordnung der Ventile	hängend, OHC, Antrieb durch Zahnriemen
Vergaser	Registervergaser 2E mit Schubabschaltung
Fahrleistungen und Verbrauch	
Höchstgeschwindigkeit (km/h)	176
Beschleunigung 0–100 (sec)	11,5
Verbrauch (l/100 km)	9,2

Dieser Motor war deutlich elastischer, leiser und sparsamer als der bisher eingebaute 1,6-Liter-Motor mit 63 kW (85 PS).

Der neue 1,8-Liter-66-kW-Motor, der ab Januar 1983 in den Passat und den Santana eingebaut wurde.

Speziell für den *Passat* und den *Santana* gab es eine neue Basismotorisierung durch eine im Hubraum auf 1296 cm³ reduzierte Ausführung des 827-Motors. Sie ersetzte das zuvor eingebaute, vom EA-801-Motor abgeleitete Aggregat mit 40 kW (55 PS) Leistung. Die technischen Daten des neuen Motors waren:

Motor	1,3 Liter
Bauart	4-Zylinder-Reihenmotor, wassergekühlt
Hubraum (cm³)	1296
Bohrung (mm)	75
Hub (mm)	73,4
Leistung (kW/PS)	44/60
Kompression	9,0 : 1
Drehzahl (1/min)	5600
Drehmoment (Nm 1/min)	100 bei 3500
Anordnung der Ventile	hängend, OHC, Antrieb durch Zahnriemen
Vergaser	1 Solex-Fallstromvergaser 31 PICT-5
Fahrleistungen und Verbrauch	
Höchstgeschwindigkeit (km/h)	152
Beschleunigung 0–100 (sec)	16,8
Verbrauch (l/100 km)	8,9

Auch der 1,6-Liter-Motor des EA 827 mit 55 kW (75 PS) wurde überarbeitet, um die mechanische Reibung zu verringern, den Kraftstoffverbrauch zu reduzieren und das Drehmoment und die Laufkultur zu verbessern. Die neuen technischen Parameter dieses Motors lauteten:

Motor	**1,6 Liter**
Bauart	4-Zylinder-Reihenmotor, wassergekühlt
Hubraum (cm^3)	1595
Bohrung (mm)	81
Hub (mm)	77,4
Leistung (kW/PS)	55/75
Kompression	9,0:1
Drehzahl (1/min)	5000
Drehmoment (Nm 1/min)	125 bei 2500
Anordnung der Ventile	hängend, OHC, Antrieb durch Zahnriemen
Vergaser	1 Solex 2E-Registervergaser
Fahrleistungen und Verbrauch	
Höchstgeschwindigkeit (km/h)	164
Beschleunigung 0–100 (sec)	13,6
Verbrauch (l/100 km)	9,7

Der Fünfzylinder-Einspritz-Motor wurde ebenfalls technisch verbessert und hatte die folgenden technischen Parameter:

Motor	**2,0 Liter**
Bauart	5-Zylinder-Reihenmotor, wassergekühlt
Hubraum (cm^3)	1994
Bohrung (mm)	81
Hub (mm)	77,4
Leistung (kW/PS)	85/115
Kompression	10,0:1
Drehzahl (1/min)	5400
Drehmoment (Nm 1/min)	165 bei 3200
Anordnung der Ventile	hängend, OHC, Antrieb durch Zahnriemen
Gemischaufbereitung	1 Einspritzpumpe, Bosch

Die beiden Dieselmotoren mit 40 kW (54 PS) als Saugmotor und 51 kW (70 PS) als Turbomotor, die ebenfalls vom EA 827 abgeleitet worden waren, blieben unverändert.

Nicht nur *Passat* und *Santana*, sondern alle Modelle bekamen für eingeschaltetes Fernlicht eine blaue Kontrollleuchte. Damit entfiel die umstrittene bisherige gelbe Leuchtdiode. *Passat Limousine* und *Variant* mit den 1,8-Liter-Benzinmotor und dem 1,6-Liter-Turbo-Dieselmotor bekamen serienmäßig Breitreifen der Dimension 185/70 SR 13. Alle anderen Modelle erhielten Felgen in der Größe 5,5 J × 13. Zur Serie gehörte jetzt auch die geteilte, klappbare Rücksitzbank für die *GL-Limousine* und den *GL-Variant*.

VW Golf II

Die ernsthafte Arbeit am *Golf II* begann im *März 1977*. Die Forderungen waren: mehr Innen- und Gepäckraum, verbesserter Fahrkomfort und reduzierter Kraftstoffverbrauch bei unverminderten oder verbesserten Fahrleistungen sowie eine größere Reichweite.

Auf den ersten Blick erschien der äußere Unterschied zwischen dem *Golf I* und dem *Golf II* gering, das Erscheinungsbild blieb grundsätzlich erhalten. Bei näherer Betrachtung konnte man aber tief greifende Veränderungen feststellen, von denen vor allem die Insassen profitierten. Nicht nur, dass der Radstand um 75 und die Spur um 23 vorn und 50 Millimeter hinten angewachsen waren, auch bei den Gesamtmaßen hatte der *Golf II* kräftig zugelegt; in der Länge um 170 Millimeter, in der Breite und in der Höhe um fünf Millimeter. Allerdings hatte auch das Gewicht des *Golf II* zugenommen. Das Fahrzeug wog jetzt leer 845 Kilogramm, woran der von 40 auf 55 Liter vergrößerte, gefüllte Tank – er war aus Kunststoff gefertigt – einen bedeutenden Anteil hatte.

Auch bei den Motoren tat sich beim neuen *Golf* einiges. Der 1,8-Liter-Einspritzmotor für den *GTI* wurde durch einen 1,8-Liter-Vergasermotor ergänzt und war in allen Modellen erhältlich. Die Basismotorisierung

Der Golf II war nicht nur größer geworden, was vor allem seinen Insassen zugute kam. Seine Formen waren auch runder. Aber er war nach wie vor auf den ersten Blick als Golf erkennbar.

hatte sich verändert. Statt des 1,1-Liter-Vierzylinder-Motors gab es jetzt den 1,3-Liter-Vierzylinder. So stand für den *Golf II* das folgende Motorenprogramm zur Verfügung:

Motor	**1,3 Liter**	**1,6 Liter**	**1,8 Liter**	**1,8 Liter**	**1,6 Liter Diesel**	**1,6 Liter Turbo-Diesel**
Bauart	4-Zylinder-Reihenmotor, wassergekühlt					
Hubraum (cm³)	1272	1595	1781	1781	1588	1588
Bohrung (mm)	75	81	81	81	76,5	76,5
Hub (mm)	72	77,4	86,4	86,4	86,4	86,4
Leistung (kW/PS)	40/55	55/75	66/90	82/112	40/54	51/70
Kompression	9,5 : 1	9,0 : 1	10,0 : 1	10,0 : 1	23,0 : 1	23,0 : 1
Drehzahl (1/min)	5400	5000	5200	5500	4800	4500
Drehmoment (Nm 1/min)	94,2 bei 3000	125 bei 2500	145 bei 3300	134,4 bei 3000	102 bei 2300	133 bei 2600
Anordnung der Ventile	hängend, OHC, Antrieb durch Zahnriemen					
Gemischaufbereitung	1 Registervergaser Solex 2E			mechanische Einspritzanlage Bosch	Verteiler-Einspritzpumpe, Bosch mit Kaltstartbeschleuniger Turbo-Aufladung	

Zusatzaggregate und Technik						
Lichtmaschine (W)	65 (Drehstrom)					
Batterie (V/Ah)	12/36; für GTI 12/45					
Kupplung	Einscheibentrockenkupplung					
Getriebe	4 V, 1 R oder 5 V, 1R oder 3-Gang-Automatik					
Antrieb	Frontantrieb, Motor-Getriebe-Block quer vor der Vorderachse					
Vorderradaufhängung	McPherson-Federbeine, Querlenker, Schraubenfedern, Stabilisator					
Hinterradaufhängung	Federbeine, Längslenker, Schraubenfedern, stabilisierender Querträger					
Lenkung	Zahnstange					
Bremse	Zweikreis-Diagonal-Hydraulik, vorn Scheiben, hinten Trommeln					
Felgenart	Lochscheiben 5 J × 13; 5,5 J × 13; 6 J × 14; 6 J × 15					
Abmessungen und Gewichte						
Reifengröße	155/70 SR 13	175/70 SR 13		175/70 HR 13	175/70 R 13 T	
Radstand (mm)	2475					
Spur vorn/hinten (mm)	1413/1401			1427/1422		
Länge (mm)	3895					
Breite (mm)	1665					
Höhe (mm)	1415					
Höchstgeschwindigkeit (km/h)	151	167	178	191	143	155
Beschleunigung 0–100 (sec)	16,7	13,0	10,8	9,7	17,4	13,6
Leergewicht (kg)	845	870	900	920	840	865
Tankinhalt (l)	55					
Verbrauch (l/100 km)	7,9	8,7	8,7	10,9	6,7	6,7

Beim Fahrwerk des neuen *Golf II* wurden die Federwege um 25 Millimeter verlängert. Der *Golf GTI* brillierte durch seine sportliche Fahrwerksabstimmung mit härterer Dämpfung und Federung sowie Stabilisatoren an Vorder- und Hinterachse. Er war zudem zehn Millimeter tiefer gelegt.

Zu den umfassenden Komfortverbesserungen gehörte eine neu entwickelte Heizungs- und Belüftungsanlage, die hohen Luftdurchsatz und geringere Geräusche garantierte. Vermehrt wurden die Möglichkeiten, Strömungsrichtung und Luftmenge an den einzelnen Ausströmern zu bestimmen. Die Anlage wurde mit

Das Cockpit der zweiten Golf-Generation.

Auch von hinten konnte sich der neue Golf sehen lassen.

zwei Hebeln mit leicht verständlichen Symbolen und einem dreistufigen Gebläseschalter betätigt. *Golf GL, GLX, GTI* und *GTD* erhielten einen zusätzlichen Kanal zur Beheizung des hinteren Fußraums.
Die *Golf-Modelle C, CL* und *GL* waren klar voneinander abgegrenzt. Hinzu kamen die im sportlichen Ausstattungsstil eigenständigen Modelle *GTI* und *GTD* und das neue Luxusmodell *GLX*. Das freundliche Interieur mit stoffverkleideten, zu Armlehnen ausgeformten Türinnenseiten war ebenso in jedem *Golf* zu finden wie der aus einem Formteil bestehende Dachhimmel und das umschäumte Sicherheitslenkrad. Serienmäßig waren auch die Nebelschlussleuchte, eine praktische Ablage unter der Armaturentafel auf der Beifahrerseite und Haltegriffe für die Passagiere.
Die großflächige, bedienungs- und ablesefreundliche Armaturentafel unterschied sich von Modell zu Modell nur in Details: Ab *CL* waren zusätzlich Mittelausströmer, Wischer-Intervallschaltung und Quarzuhr eingebaut, ab *GL* standen mehrere Farben zur Verfügung.
Außen war das *C-Modell* betont ruhig und sachlich gestaltet. Auch beim *CL-Modell* wurden Zierleisten nur sparsam angewendet, das seitliche Stoßprofil war schwarz. Der *GL* dagegen war weiterhin an seiner reichhaltigeren Ausstattung und den luxuriösen Polster- und Verkleidungsstoffen zu erkennen.
Wie bisher waren Verbundglas-Windschutzscheibe, kunststoffummantelte Stoßfänger, Steinschlagschutz, beheizbare Heckscheibe, Heckscheiben-Wisch-Waschanlage, abschließbarer Tankdeckel, Rückfahrleuchten und vieles andere in jedem *Golf* zu finden.
Der neue *Golf GLX* war das Komfort-Modell der *Golf-Klasse*. Das durch eine reichhaltige Ausstattung und Rad-Vollblenden äußerlich gekennzeichnete Fahrzeug war mit Servolenkung, elektrischen Fensterhebern und Zentralverriegelung ausgestattet, die in Wagen dieser Größenordnung bisher zu den Ausnahmen gehörten. Der neue 66-kW-(90-PS-)Vergaser-Motor sorgte im *GLX* für eine zügige Kraftentfaltung und spritzige Fahrleistungen.
Innerhalb des *Formel-E-Pakets*, das beim *Golf II* mit dem 1,3-Liter-Motor und 40 kW (55 PS) gekoppelt war, stellte Volkswagen eine Neuentwicklung vor; die automatische Stopp-Start-Anlage. Mit dieser Automatik brauchte der Fahrer nicht mehr, wie bisher, den Motor durch Knopfdruck abzustellen. Das geschah künftig von selbst, und zwar zwei Sekunden nachdem die Geschwindigkeit unter fünf km/h gefallen und die Leerlaufdrehzahl erreicht war. Durch Einlegen eines Gangs sprang der Motor sofort wieder an.

VW Jetta

Am *Jetta* wurden *1983* keine wichtigen Modellpflege-Maßnahmen vorgenommen.

VW Scirocco

Die Modellpflege fiel in diesem Jahr beim *Scirocco* sparsam aus. Der einzig erkennbare Unterschied zum Vorjahresfahrzeug waren die jetzt wieder zwei Scheibenwischer, die den einzelnen Wischer ablösten.
Allerdings folgte im *Mai 1983* nach dem *Scirocco GTS* ein zweites Sondermodell, der *Scirocco GTX*, der den sportlichen Aspekt des Coupés noch stärker betonte. Er zeichnete sich durch Spoiler an Front und Heck sowie Verbreiterungen der Schweller aus, die den Wagen kraftvoller und dynamischer aussehen ließen. Der *GTX* wurde in den Außen-Metallicfarben Cirrus, Platindiamant und Montenegroschwarz angeboten. Bei der Innenausstattung dominierte Schwarz. Bei den Motoren konnte der Kunde zwischen dem 66-kW-(90-PS-)Motor und dem 82-kW-(112-PS-)Motor wählen. Der Preis von DM 22445 für den *90-PS-GTX* und DM 24920 für die leistungsstärkere Version ließen die Kundschaft nicht zögern, ihn zu kaufen.

VW Polo

Beim *Polo* wurde *1983* das Motorenprogramm, das auf der Basis des EA 801 zum Einbau kam, gestrafft. An die Stelle der bisherigen Ausführung des 1,1-Liter-37-kW-(50-PS-)Motors und des 1,3-Liter-44-kW-(60-PS-)Motors trat ein neues 1,3-Liter-Aggregat mit 40 kW (55 PS). Dieser Motor bediente sich des optimierten HSC-Brennverfahrens. Die technischen Parameter dieses Motors waren:

Motor	1,3 Liter
Bauart	4-Zylinder-Reihenmotor, wassergekühlt
Hubraum (cm^3)	1272
Bohrung (mm)	75
Hub (mm)	72
Leistung (kW/PS)	40/55
Kompression	9,5 : 1
Drehzahl (1/min)	5400
Drehmoment (Nm 1/min)	96 bei 3400
Anordnung der Ventile	hängend, OHC, Antrieb durch Zahnriemen
Vergaser	1 Registervergaser

Mit dem neuen Motor bekam der *Polo* auch eine 55-A-Drehstrom-Lichtmaschine und ein Bremssystem mit Bremskraftverstärker und Bremskraftregler für die Hinterräder.
Eine mittig geteilte Rücksitzbank gehörte serienmäßig zur *GL-Ausstattung*. Bei den anderen Modellen, also auch beim *Coupé*, war sie optional zu haben.

Schnittzeichnung des neuen Polo-Motors mit 1,3 Liter Hubraum und einer Leistung von 40 kW (55 PS).

VW Derby

Beim *Derby* gab es nach der Einführung des komplett überarbeiten *Derby II* keine nennenswerten Modellpflege-Maßnahmen.

1984: Modellpflege

VW Typ 1

Bei den normalen Serienfahrzeugen des *VW Käfers* gab es keine optische Modellpflege. Dafür bot Volkswagen aber wieder wegen des großen Erfolgs in den vorangegangenen Jahren Sondermodelle an: den *Sunny Bug*, den *Käfer Eisblau-Metallic* und den *Samtroten Käfer.*

Alle drei Fahrzeuge waren durch ihr äußeres Erscheinungsbild definiert. Die Farben gaben dem jeweiligen Modell seinen Namen.

Zunächst kam im *März 1984* der *Sunny Bug* unter dem Motto: »Außen sonnig. Innen wonnig. Der Sunny Bug zum Sonnenscheintarif.«, mit einer reichhaltigen Ausstattung auf den Markt. Dazu gehörten eine Verbundglas-Windschutzscheibe, verchromte Stoßfänger, verchromte Scheinwerferringe und ein verchromter Außenspiegel. Auch die Deckelgriffe vorn und hinten waren verchromt, die Betätigungsknöpfe allerdings schwarz. Es gab Zierleisten auf der Gürtellinie und auf den Trittbrettern, außerdem einen doppelten seitlichen schwarz-weißen Dekorstreifen unterhalb der Gürtellinie sowie oberhalb des Trittbretts. Der *Sunny Bug* verfügte über verchromte Fensterzierrahmen sowie über eine Chromzierleiste auf dem vorderen Deckel, verchromte Radkappen und Radzierringe.

Die Innenausstattung hatte eine gepolsterte Armaturentafel, eine Frischbelüftungsanlage und Zwangsentlüftung. Fahrer und Beifahrer erhielten Blendschutz durch je eine Sonnenblende, die auf der Fahrerseite seitlich schwenkbar war. Die Vordersitze verfügten über eine Liegesitzverstellung und eine Sicherheits-Lehnenverriegelung. Die Kopfstützen vorn waren verstellbar und hatten einen gelben Stoffspiegel. Vorn gab es serienmäßig Dreipunkt-Automatik-Sicherheitsgurte, hinten zwei statische Beckengurte. Zu den weiteren Sicherheitsdetails zählten das 4-Speichen-Lenkrad mit Prallplatte und der Beifahrer-Haltegriff. Es gab zwei Kleiderhaken an den B-Säulen sowie zwei Halteschlaufen.

In der Armaturentafel befand sich auf der Beifahrerseite ein Ablagefach mit Deckel. Die Innenverkleidung war in Schwarz gehalten und kontrastierte mit den currygelben Sitzbezügen.

Zur Funktionsausstattung des *Sunny Bug* zählten die beheizbare Heckscheibe, die Rückfahrleuchten, der zweistufige Scheibenwischer und die elektrische Scheibenwaschanlage ebenso wie die Innenleuchte mit dem Türkontaktschalter auf der Fahrerseite, die Kontrollleuchte für den Bremskreisausfall, die regelbare Instrumentenbeleuchtung und die Kraftstoffvorratsanzeige.

Der Verkaufspreis für diesen ausschließlich in sonnengelb ausgelieferten *Käfer* betrug DM 9990. Die Stückzahl war auf 1500 limitiert.

Der Sunny Bug war mit Sicherheit eines der fröhlichsten Sondermodelle des Käfers.

Auch dieses Sondermodell, der Samtrote Käfer, war ein attraktives Sondermodell, das schnell seine Käufer fand.

Das zweite Sondermodell folgte nur wenige Tage später: am *13. April 1984*. Es war der *Käfer* in *Eisblau-Metallic*. Von ihm wurden insgesamt 1500 Exemplare gebaut. Äußerlich entsprachen diese *Käfer*, abgesehen von ihrer Lackierung, dem *Sunny Bug*. Auch im Innenraum des Fahrzeugs fanden sich alle Komponenten des *Sunny Bugs* wieder. Allerdings bestand die Verkleidung der seitlichen Schweller und des hinteren Gepäckraums aus blau-grauem Flachgewebe. Die Sitzbezüge waren aus blau-grauem Panama-Tweed.

Auch bei der Funktionsausstattung waren die beiden Sondermodelle identisch, sieht man einmal davon ab, dass der *Käfer* in *Eisblau-Metallic* noch das UKW/MW-Radio »Braunschweig II« spendiert bekam.

Das dritte *Sondermodell* des Jahres *1984* war der *Samtrote Käfer*, der am *13. August* in einer Auflage von 3000 Stück bei den Händlern stand. Grundsätzlich hatten auch diese *Käfer* die gleichen äußeren Stilelemente wie ihre beiden Vorläufermodelle. Allerdings wurde der doppelte seitliche Dekorsteifen oberhalb des Trittbretts zusätzlich mit Dekorblumen in Mauritiusblau aufgewertet.

Der Innenraum war ebenfalls in Mauritiusblau gehalten, die Tür- und Seitenverkleidungen ebenso wie der Stoffspiegel in den Kopfstützen. Die Sitzbezüge bestanden aus rot-blauem Streifenvelours. Beim *Samtroten Käfer* gehörte ein Radio nicht zur Serienausstattung.

Technisch entsprachen diese *Sondermodelle* alle der normalen Serie.

VW Passat

Die wichtigste Neuheit im *Passat-Programm* war *1984*, dass die *Stufenheck-Limousine*, die bisher unter dem Namen *Santana* lief, in die *Passat-Reihe* integriert und zum absolut gleichen Preis wie die *Passat-Schrägheck-Limousine* angeboten wurde. Beibehalten wurde die Differenzierung zwischen den Ausstattungsstufen *C*, *CL* und *GL*. Insgesamt wurden die Modelle optisch und qualitativ aufgewertet.

Die Karosserie und Innenausstattung aller *Passat-Modelle* war überarbeitet worden. Das gesamte Ausstattungsangebot war neu strukturiert und übersichtlicher gestaltet worden. *Passat Schrägheck* und *Variant* gab es in der neuen, sportlichen *GT-Ausstattung* mit zwei Fünfzylinder-Einspritzmotoren: dem bekannten 2-Liter-Aggregat mit 85 kW (115 PS) und dem neuen leistungsstarken 2,2-Liter-Motor mit 100 kW (136 PS). Die Daten des neuen Motors waren:

Motor	2,2 Liter
Bauart	5-Zylinder-Reihenmotor, wassergekühlt
Hubraum (cm³)	2226
Bohrung (mm)	81
Hub (mm)	86,4
Leistung (kW/PS)	100/136
Kompression	10,0:1
Drehzahl (1/min)	5700
Drehmoment (Nm 1/min)	186 bei 3500
Anordnung der Ventile	hängend, OHC, Antrieb durch Zahnriemen
Gemischaufbereitung	Bosch K-Jetronic
Fahrleistungen und Verbrauch	
Höchstgeschwindigkeit (km/h)	197
Beschleunigung 0–100 (sec)	9,5
Verbrauch (l/100 km)	11,9

Die Karosserie aller neuen *Passat-Modelle* wurde deutlich dynamischer gestaltet. Auffälligstes Merkmal waren die breiten, bis an die Radausschnitte herumgezogenen Stoßfänger, vorn mit integriertem Spoiler, der neu gestaltete Kühlergrill mit Halogen-Breitbandscheinwerfern und die breiten seitlichen Rammschutzleisten.
Beim *Passat-Schrägheck* wurde die Heckpartie neu gestaltet. Die Heckscheibe wurde vergrößert, war jetzt außenbündig verklebt und trug somit zur Optimierung der Strömungsverhältnisse im Heckbereich bei. Serienmäßig bei diesem Modell war nun auch ein Heckspoiler, der die Aerodynamik ebenfalls verbesserte. Der Auftrieb im Heckbereich wurde verringert, die Straßenlage bei hohen Geschwindigkeiten noch sicherer. Alle *Passat-Modelle* wurden jetzt nur noch viertürig angeboten.
Neu im Modellprogramm war der *Passat GT* als *Schräghecklimousine* und als *Variant*. Das Fahrwerk der *GT-Modelle* wurde den höheren Geschwindigkeiten angepasst, Feder- und Dämpferkennung waren straffer abgestimmt, an der Hinterachse gab es einen Stabilisator.
Im Innenraum fielen die serienmäßigen Sportsitze auf, ebenso das umschäumte Vierspeichen-Sportlenkrad und die Instrumentierung mit Drehzahlmesser.

Jetzt hieß auch das Stufenheck-Modell Passat. Der Santana gehörte damit in Europa der Vergangenheit an.

Selbstverständlich gab es den Passat auch weiterhin als Fließheck-Limousine, hier mit dem besonders dynamischen und trotzdem sparsamen Turbodieselmotor.

Beim *Passat GT Variant* wurde der Nutzwert durch die serienmäßige Laderaumabdeckung gesteigert. Sie konnte sowohl vom Innenraum aus als auch von der Heckklappe her vor und zurück geschoben werden.

Das Spitzenmodell der *Passat-Familie* war das *Stufenheck* in der *Carat-Version.* Dieses Modell ließ kaum einen Käuferwunsch offen. Zur Serienausstattung gehörten: Servolenkung, Zentralverriegelung, elektrische Fensterheber vorn und hinten sowie die Metallic-Lackierung. Serienmäßig waren auch die Leichtmetall-Räder der Größe 5,5 J × 14, die elektrisch einstellbaren und beheizbaren Außenspiegel, der höhenverstellbare Fahrersitz und das lederbezogene Vierspeichen-Lenkrad. Für das wohnliche Innenraum-Design sorgten die mit elegantem Tweedvelours-Streifen bezogenen Sitze sowie die Kopfstützen und die ausklappbare Mittelarmlehne im Fond, die außerdem das Durchladen erlaubte. Fast schon selbstverständlich war es, dass auch das Radio »gamma« zum Serienumfang gehörte.

Für die Motorisierung gab es ausschließlich den Fünfzylinder-Einspritzmotor, mit 85 kW (115 PS). In Verbindung mit dem 4+E-Getriebe hatte der *Passat Carat* die folgenden Fahrleistungen:

Fahrleistungen und Verbrauch	
Höchstgeschwindigkeit (km/h)	184
Beschleunigung 0–100 (sec)	10,5
Verbrauch (l/100 km)	6,2–10,9 (konstant 90 km/h, konstant 120 km/h, Stadtzyklus)

Im Herbst *1984* kam in limitierter Stückzahl der *Passat Variant syncro* auf den Markt, mit dem Volkswagen seinen ersten Schritt auf den wachsenden Markt der Allrad-Fahrzeuge machte. Ab *1985* wurde der *syncro* mit überarbeiteter Karosserie und neuer Ausstattung fest in die *Passat-Familie* integriert.

VW Golf

Ab *Februar 1984* wurde der neue *Golf GTI* ausgeliefert. Ebenfalls neu war der *Golf Carat,* das Nachfolgemodell des im Vorjahr präsentierten *Golf GLX.* Er war serienmäßig mit dem 1,8-Liter-66-kW-(90-PS-)Vergasermotor ausgestattet, der im Frühjahr *1984* auch für das *Golf Cabrio* zu haben war. Außerdem waren das 4+E-Schaltgetriebe, die Servolenkung, die Zentralverriegelung, elektrisch betätigte Fensterheber, elektrisch beheizte und verstellbare Außenspiegel sowie eine Metallic-Lackierung serienmäßig.

Im *Golf Cabrio* gab es neben dem 66-kW-Motor auch das bewährte 55-kW-(75-PS-)Aggregat und das 82-kW-(112-PS-)Triebwerk. Alle Motoren waren entweder mit dem 4+E-Schaltgetriebe oder einer 3-Gang-Automatik kombiniert.

Im Zusammenhang mit in vielen Ländern immer enger definierten Abgaswerten bot das Volkswagenwerk seit Anfang *1984* entsprechend ausgestattete Katalysator-Fahrzeuge an. Dabei handelte es sich um den 1,8-Liter-66-kW-(90-PS-)Motor in den *C-Modellen* von

Das neue Cockpit des Golf II.

Das Golf Cabrio basierte zwar immer noch auf dem Golf I, war aber zwischenzeitlich auch durch Schweller und Kotflügelverbreiterungen optisch aufgewertet worden.

Golf, Jetta, Passat und *Caravelle/Bus.* Diese Fahrzeuge mussten mit bleifreiem Benzin gefahren werden. Ansonsten benötigte der erst rund ein Jahr junge neue *Golf* noch keine umfangreichen Produktpflege-Maßnahmen.

VW Jetta II

Der bisherige *Jetta* wurde aus dem *Golf* abgeleitet. Der neue *Jetta II* war eine eigenständige Entwicklung, die parallel zum *Golf II* vorgenommen wurde. Dadurch ergab sich einerseits die Chance, die technischen Lösungen für beide Modellreihen kostengünstiger zu entwickeln, andererseits konnten beide Modelle aber von vornherein deutlich differenziert werden.

Die Designmerkmale des neuen *Jetta* waren die fließenden Linien und die ausgeprägte Keilform. Besonderes Augenmerk wurde dabei auf den hinteren Bereich des Fahrzeugs gelegt, sodass das Fahrzeug nach vorn strebte und dadurch ausgesprochen dynamisch wirkte. Die Stufenheckpartie wurde beim neuen *Jetta* perfekt in die Gesamtform integriert. Durch das sehr hoch gezogene Heck wurden zwei Ziele erreicht: gute Aerodynamik und ein großer Gepäckraum von 575 Litern. Das neu gestaltete Heck ermöglichte eine besonders große Durchladebreite. Die Ladekante wurde so weit abgesenkt, dass sie nicht behinderte.

In der Aerodynamik konnte sich der *Jetta II* gegenüber seinem Vorläufer um 16 Prozent verbessern. Der c_W-Wert betrug 0,36 – ein Spitzenwert in dieser Fahrzeugklasse. Erreicht wurde das unter anderem durch einen Kühlergrill mit einer kleinen Öffnung, einen Frontspoiler und nach außen verlegte Fensterflächen. Dazu kam noch aerodynamische Feinarbeit im Bereich des Unterbodens.

Schon auf den ersten Blick wirkte der *Jetta II* nicht nur viel kraftvoller und dynamischer, sondern auch deutlich erwachsener. In der Gesamtlänge war er um 120 Millimeter gewachsen, in der Breite um 55 Millimeter. Der Radstand war um 75 Millimeter vergrößert worden, die Spurweite vorn um knapp 40 Millimeter, hinten um 60 Millimeter. Trotzdem war der *Jetta II* mit einer Gesamtlänge von 4320 Millimetern ein handliches Fahrzeug geblieben.

Die neuen Abmessungen kamen vor allem dem Innenraum zugute. Auch hier war der *Jetta* eine Klasse größer geworden. Das Komfortmaß war um mehr als 50 Millimeter auf 1,85 Meter angewachsen. Auch die Ellenbogenfreiheit hatte zugenommen, und zwar um ca. 100 Millimeter. Vor allem aber die Kniefreiheit der Fondpassagiere war um 70 Millimeter vergrößert, sodass die hinteren Fahrgäste jetzt noch bequemer sitzen konnten. Die an sich schon sehr guten Sitze des Vorgängermodells waren noch einmal verbessert worden. Die Abmessungen und Gewichte des neuen *Jetta* lauteten jetzt:

Abmessungen und Gewichte (jeweils Grundmodell)	1,3 Liter	1,6 Liter	1,8 Liter
Reifengröße	5 J × 13	5,5 J × 13	6 J × 14
Radstand (mm)	2474	2475	2475
Spur vorn/hinten (mm)		1427/1422	
Länge (mm)		4315	
Breite (mm)		1665	
Höhe (mm)		1415	
Höchstgeschwindigkeit (km/h)	149	165	176
Beschleunigung 0–100 (sec)	17,2	13,3	11,1
Leergewicht (kg)	875	900	930
Tankinhalt (l)		55	
Verbrauch (l/100 km)	7,9	8,7	8,7

Die Armaturentafel wurde unter Sicherheitsaspekten überarbeitet und bekam stark gerundete Flächen. Die Instrumentierung war übersichtlich und ohne modische Gags. Die Bedienelemente waren ergonomisch angeordnet. Die neu entwickelte Heizung sorgte schnell und gut regulierbar für eine angenehme Klimatisierung.

Nicht nur auf die neue Optik wurde viel Augenmerk gelegt, sondern auch auf die Technik des *Jetta II*. Die bewährte Federbein-Vorderachse erhielt einen Stabilisator und neue obere Federbein-Lager, die durch größeres Gummivolumen eine Übertragung von Stößen und Vibrationen auf die Karosserie unterdrückten. Die Federwege wurden um 25 Millimeter verlängert. Der spurstabilisierende Lenkrollradius der Vorderräder verhinderte weitgehend, dass das Fahrzeug beim Bremsen aus der Spur geriet, wenn es mit den Rädern einer Seite auf weiches Bankett kam.

Die Hinterachse war eine Weiterentwicklung der Verbundlenkerachse. Sie war platzsparend und leistete so einen Beitrag für das große Gepäckabteil. Sie ent-

Der neue Jetta war dynamischer geworden und hatte einen Teil seines konservativen Images abgelegt. Der GLI – hier abgebildet – passte in die Welt.

sprach im Wesentlichen der des *Passat Variant*. Die Spur wurde um 64 Millimeter verbreitert. Das optimierte die Straßenlage zusätzlich.

Alle *Jetta-Modelle* verfügten über Faustsattel-Scheibenbremsen mit groß dimensionierten, asbestfreien Bremsbelägen. Sie besaßen einen Bremskraft-Verstärker und zusätzlich, außer denen mit 55-kW-(75-PS-)Motor, einen Bremskraftregler.

Um die Innengeräusche zu minimieren, die in nicht unwesentlichem Maß auch von den Abrollgeräuschen verursacht wurden, besaß der neue *Jetta* für die Motor-/Getriebelagerung einen vorderen Hilfsrahmen und einen zusätzlichen Motorträger.

Das Motorenprogramm des *Jetta II* umfasste drei Ottomotoren von 40 kW (55 PS) bis 66 kW (90 PS) sowie den bewährten Saugdiesel mit 40 kW (54 PS) und den Turbo-Diesel mit 51 kW (70 PS). Neu war lediglich der 1,3-Liter-Motor mit 40 kW Leistung, der sich schon seit *1983* im *Polo* bewährte.

Weitere technische Parameter des *Jetta* waren:

Zusatzaggregate und Technik	
Lichtmaschine (A)	65 (Drehstrom)
Batterie (V/Ah)	12/36
Kupplung	Einscheibentrockenkupplung
Getriebe	4 V, 1 R (ab 1988 5 V)
Antrieb	Frontantrieb, Motor-Getriebe-Block quer vor der Vorderachse
Vorderradaufhängung	McPherson-Federbeine, Querlenker, Schraubenfedern, Stabilisator
Hinterradaufhängung	Federbeine, Längslenker, Schraubenfedern, stabilisierender Querträger
Lenkung	Zahnstange
Bremse	Zweikreis-Diagonal-Hydraulik, vorn Scheiben, hinten Trommeln
Felgenart	Lochscheiben 5,5 J × 13

Die Ausstattung des neuen *Jetta* folgte der bewährten vierstufigen Gliederung in *C-*, *CL-* und *GL-Ausführung* sowie als Topmodell *Jetta Carat*. Das *C-Modell* war ein funktional komplett ausgestattetes Auto. Es besaß serienmäßig Halogen-Scheinwerfer, Verbundglas-Windschutzscheibe, mit Stoff bezogene Tür- und Seitenverkleidungen mit ausgeformten Armlehnen, einen Formteilhimmel, ein umschäumtes Sicherheits-Lenkrad, Ablagen unter der Armaturentafel auf Fahrer- und Beifahrerseite, eine Kontrollleuchte bei angezogener Handbremse, die Parklichtschaltung, die regulierbare Instrumentenbeleuchtung, eine Rückfahrleuchte, eine Nebelschlussleuchte und eine mit dem Fahrlicht gekoppelte Gepäckraumbeleuchtung.

Der *Jetta CL* bot mehr Ausstattungskomfort und farbliche Wahlmöglichkeiten sowohl bei der Außenlackierung als auch beim Innendessin. Außerdem verfügte er über Ablagekästen an den vorderen Türen, zusätzliche Heizungs- und Frischluftausströmer in der Armaturentafel, seitliche Stoß-Profilleisten, einen Make-up-Spiegel in der Beifahrer-Sonnenblende, die Scheibenwischer-Intervallschaltung, die Wisch-Wasch-Automatik, einen Tageskilometerzähler und eine Quarzzeituhr mit Analoganzeige.

Zur Serienausstattung des *GL-Modells* zählten die Mittelkonsole, die Innenleuchte mit Ausschaltverzögerung, zusätzliche Heizungsausströmer für den hinteren Fußraum, Zigarettenanzünder in der Mittelkonsole, ein von innen verstellbarer Fahrer-Außenspiegel, Doppeltonhorn, ein abschließbarer Ablagekasten mit Beleuchtung und ein Make-up-Spiegel auch in der Fahrer-Sonnenblende. Der Gepäckraum war mit Veloursvlies ausgekleidet und beleuchtet.

Der *Jetta Carat* hatte serienmäßig Servolenkung, elektrische Fensterheber vorn und hinten, Zentralverriegelung sowie eine Metallic-Lackierung. Die Instrumentierung war um einen Drehzahlmesser, eine Multifunktionsanzeige und eine Schalt-/Verbrauchsanzeige aufgewertet worden. Außerdem gehörten zur Serienausstattung ein Vierspeichen-Lenkrad, elektrisch einstellbare und beheizbare Außenspiegel auf

der Fahrer- und Beifahrerseite und eine Durchladeeinrichtung in der Rücksitzlehne. Sitze, Türverkleidungen und Kopfstützen vorn und hinten waren mit wertvollem Veloursstoff bezogen.
Den *Jetta Carat* gab es nur als viertürige Limousine mit dem 66-kW-(90-PS-)Superbenzin-Motor. Serienmäßig war das 4+E-Getriebe. Ein Automatikgetriebe konnte als Mehrausstattung geordert werden.

VW Scirocco

Beim *Scirocco* gab es *1984* neue Ausstattungsstufen: den *GT*, *GTL* und *GTX*. Neu war, dass schon das Grundmodell mit allen Motoren kombiniert werden konnte. Das neue Basismodell *GT* verfügte jetzt über einen Drehzahlmesser, Türablagekästen, ein Sportlenkrad und einen von innen verstellbaren Außenspiegel.
Der *Scirocco GTL* war höherwertig ausgestattet und hatte zusätzlich einen von innen verstellbaren Beifahrer-Außenspiegel, eine geteilte Rücksitzbank und einen voll ausgekleideten Kofferraum. Außerdem hatte der Kunde die Wahl unter zusätzlichen Außenlackierungen und Innendessins.
Der *Scirocco GTX* hob sich von seinen Brüdern durch seinen Rundum-Spoilersatz und die Leichtmetall-Räder mit Breitreifen der Dimension 185/60 HR 14 ab.

VW Polo

Ab *August 1984* bot das Volkswagenwerk innerhalb der *Polo-Modellreihe* eine zusätzliche Variante an: den *Polo Fox*. Wegen seines günstigen Verkaufspreises von nur DM 11 490 und seines optischen Erscheinungsbildes sprach dieses Modell vor allem jüngere Käufer an. Leuchtende Außenlackierung, fröhliche Inneneinrichtung, bewährte Technik – diese Hauptmerkmale kennzeichneten den neuen *Polo Fox*. Es gab ihn in nur zwei, ausschließlich diesem Modell vorbehaltenen Farben, in Türkisblau und Saimagrün. Farblich darauf abgestimmt waren die Räder sowie die Zierstreifen mit dem Fox-Schriftzug auf der Gürtellinie. Der Innenraum war passend zur Außenfarbe gestaltet. Die Sitze waren mit wattiertem und mit Querabnähern versehenem Baumwollstoff bezogen. Die Rücken- und Seitenteile der Sitze sowie die Kopfstützen, Tür- und Seitenverkleidungen harmonierten damit.

Der hier abgebildete Scirocco GT war als Basismodell funktional, aber umfassend ausgestattet. Äußerlich musste er sich nicht hinter seinen höherwertigen Modellvarianten verstecken.

Das Polo-Modellprogramm 1984.

Für die Funktionalität, die Sicherheit und den Bedienungskomfort besaß der *Polo Fox* alle wichtigen Ausstattungsdetails. Zum Serienumfang gehörten: die Verbundglas-Windschutzscheibe, ein integrierter Frontspoiler, Steinschlagschutz an den hinteren Radblenden, Radhausschalen in den vorderen Kotflügeln, ein Sicherheitslenkrad, ein abblendbarer Innenspiegel, klapp- und schwenkbare Sonnenblenden, Ablagefächer auf Fahrer- und Beifahrerseite, Liegesitzeinrichtung für Fahrer und Beifahrer, einstellbare Kopfstützen, Dreipunkt-Automatik-Gurte für die Vordersitze, die umlegbare Rücksitzbank, Heckscheibenwischer mit Wisch-Wasch-Automatik, beheizbare Heckscheibe, Gasdruckfeder für die Heckklappe sowie Hohlraumkonservierung und Dauerschutz für Unterboden und Radhäuser.

Motorisiert war der *Polo Fox* ausschließlich mit dem 1,3-Liter-Motor mit 40 kW (55 PS) Leistung.

Das bisherige *Polo-* und *Derby-Programm* wurde in seiner Ausstattung gestrafft. Es gab die beiden Typen künftig nur noch in der *C-* und der *CL-Ausstattung,* wobei letztere aufgewertet worden war. Der Tank fasste jetzt 42 statt der bisherigen 36 Liter, die Handbremsanlage sowie das Fahrwerk wurden optimiert, das heißt um 10 Millimeter tiefer gelegt.

Vom *Polo Coupé* wurden mehr Varianten angeboten. Neu im Programm waren die Version mit 29 kW (40 PS) und 40 kW (55 PS). Bis zu diesem Zeitpunkt war das Coupé ausschließlich mit dem 55-kW-(75-PS-)Motor gebaut worden.

Die Fahrleistungen und Verbräuche mit der neuen Motorisierung stellten sich wie folgt dar:

Motor	1,05 Liter	1,3 Liter
Höchstgeschwindigkeit (km/h)	135	153
Beschleunigung 0–100 (sec)	21,2	14,2
Verbrauch (l/100 km)	7,6	7,7

Die Ausstattung des *Polo Coupé CL* umfasste unter anderem Schwellerverbreiterungen, Reifen der Größe 155/70 SR 13, neue Radvollblenden, breite seitliche Stoßprofilleisten, drei verschiedene Farben der Innenausstattung mit dazu passenden Armaturentafeln, Sitzbezüge mit Colorstreifen, umschäumtes Lenkrad sowie die mittig geteilte Rücksitzbank.

Das *Polo Coupé GT* war noch besser ausgestattet. Es hatte neue Schwellerverbreiterungen, Sportsitze mit Höheneinstellung des Fahrersitzes in markantem schwarz-roten oder schwarz-weißen Dessin, neue Tür- und Seitenverkleidungen mit größerem Stoffbesatz sowie das neue Dreispeichen-Sportlenkrad.

Der *Derby II,* der in Österreich von Anfang an *Polo Classic* hieß, wurde ab *Januar 1985* auch in Deutschland als *Polo Stufenheck* vermarktet.

1985: Modellpflege

VW Typ 1

Das letzte Sondermodell, das vom *VW Käfer* in Deutschland verkauft wurde, war der *Jubiläums-Käfer »50 Jahre«,* der ab dem *6. September 1985* bei den Händlern stand. Wie zu erwarten, war auch dieses Sondermodell, von dem es 2600 Exemplare gab, sehr schnell ausverkauft. Mit diesem Sondermodell wurde offiziell auch der Verkauf des *Käfers* in Europa eingestellt.

Die Fahrzeuge hatten alle eine gleiche, unveränderliche Ausstattung. Ihr Äußeres war gekennzeichnet durch eine Zinngrau-Metallic-Sonderlackierung, grüne Wärmeschutzverglasung, verchromte Stoßfänger, einen verchromten Außenspiegel, verchromte Deckelgriffe vorn und hinten, Betätigungsknöpfe schwarz, Türschloss links und rechts, silberne »50-Jahre«-Plakette auf dem linken vorderen Seitenteil und auf der Heckklappe, Zierleisten auf der Gürtellinie und am Trittbrett, doppelter silberfarbener Dekorstreifen oberhalb des Trittbretts, Fensterzierrahmen an Front-, Heck- und Seitenscheiben sowie eine Zierleiste auf dem vorderen Deckel, Reifen der Größe 165 SR 15 und sportlich gestylte Stahlräder.

Die Innenausstattung zeichnete sich durch folgende Merkmale aus: Radio »Braunschweig«, gepolsterte Armaturentafel, Frischbelüftungsanlage und Zwangsentlüftung, Ausstellfenster vorn, schwarze Fahrer- und Beifahrer-Sonnenblende (Fahrerseite seitlich schwenkbar), Stoffsitzbezüge mit grau-roten Streifen in der Sitzmittelbahn, Vordersitze mit individueller Sitzverstellung und Liegesitzeinrichtung sowie Sicherheits-Lehnenverriegelung, einstellbare Kopfstützen vorn, mit Stoffspiegel und grauem Kunstleder an

Das letzte in Europa angebotene Käfer-Modell war der Jubiläums-Käfer »50 Jahre«. Mit diesem Fahrzeug wurde der Vertrieb des Käfers 1985 eingestellt.

Alle Fahrzeuge hatten eine einheitliche Ausstattung und waren durch die abgebildete Plakette auf dem Motordeckel und am linken Vorderwagen gekennzeichnet.

Die Instrumententafel des Passat II war übersichtlich und alle Bedienelemente lagen im Griffbereich des Fahrers.

den Seiten, Dreipunkt-Automatik-Sicherheitsgurte für die Vordersitze, zwei statische Beckengurte für die Rücksitzplätze, Türarmlehnen mit Grifföffnungen, Ablagefach mit Deckel auf der Beifahrerseite, zwei Kleiderhaken, zwei Halteschlaufen, grauer Himmel, graue Tür- und Seitenverkleidungen, graue Teppichverkleidung des seitlichen Fußraums und des hinteren Gepäckraums, Rückenlehne der Rücksitzbank zur Vergrößerung des hinteren Gepäckraums umklappbar sowie Aschenbecher vorn und hinten.

Zur Funktionsausstattung gehörten: die beheizbare Heckscheibe, Rückfahrleuchten, Zweistufenschaltung und Tipp-Wisch-Kontakt für die Scheibenwischanlage, eine elektrische Scheibenwaschanlage, eine Innenleuchte mit Türkontaktschalter auf der Fahrerseite, eine Kontrollleuchte für den Bremskreisausfall, die regelbare Instrumentenbeleuchtung sowie die Kraftstoffvorratsanzeige.

Die technischen Daten dieses *Käfers* entsprachen denen der Serie: 25 kW (34 PS), 1192 cm^3 Hubraum und eine Höchstgeschwindigkeit von 115 km/h.

VW Passat

Nach einer limitierten Probeserie im *Herbst 1984* ging zu Beginn des Jahres *1985* der *Passat Variant syncro* endgültig in Serie. Bei diesem Modell wurden alle vier Räder permanent angetrieben, ohne dass der Fahrer eingreifen musste. Das Verhältnis der Antriebsmomente betrug entsprechend der durchschnittlichen Achslastaufteilung beim *Passat Variant syncro* 50 : 50. Der *Passat Variant syncro* verfügte über drei Differenziale, wobei das Verteiler-Differenzial die Antriebskraft des Motors gleichmäßig auf die Vorder- und Hinterachse verteilte und dabei die Differenzdrehzahl bei Kurvenfahrt automatisch ausglich. Verteiler- und Hinterachs-Differenzial waren über einen Zugknopf in der Mittelkonsole pneumatisch sperrbar. Diese Sperren konnten auch während der Fahrt eingelegt werden.

Das ABS-System im *Variant syncro* wurde auf die speziellen Belange des permanenten Allradantriebs abgestimmt.

Die Außen- und Innenausstattung des *Passat Variant syncro* entsprach im Wesentlichen der *GT-Ausstattung* des *Variant:* schwarze Schweller- und Radhausverbreiterungen, eine schwarze, pulverbeschichtete Dachreling, Sportsitze vorn und Servolenkung. Darüber hinaus gab es eine Reihe *syncro-spezifischer* Merkmale: 6 J × 14 Leichtmetallfelgen mit Reifen der Dimension 195/60 HR 14, Halogen-Breitbandscheinwerfer sowie daneben angeordnete Nebelscheinwerfer. Die Heizdrähte in der Heckscheibe waren als *syncro-Schriftzug* ausgelegt.

Den *Passat syncro* gab es ausschließlich mit dem 2-Liter-Fünfzylinder-Einspritzmotor mit 85 kW (115 PS), der bereits seit *1983* in den *Passat* eingebaut wurde. Serienmäßig zu diesem Motor gab es ein sportlich abgestimmtes Fünfgang-Schaltgetriebe. Damit erreichte der *Passat Variant syncro* die folgenden Fahrleistungen:

Höchstgeschwindigkeit (km/h)	182
Beschleunigung 0–100 (sec)	11,1
Verbrauch (l/100 km)	9,9

Das Modellprogramm des Jahres 1985/86. Rechts oben ein Passat Variant syncro.

Im *Frühjahr 1986* folgte eine Vierzylinder-Ausführung mit 1,8 Litern Hubraum und 66 kW (90 PS) mit und ohne Katalysator sowie der Fünfzylinder mit 2,2 Litern Hubraum mit 88 kW (120 PS).

Durch um 30 Prozent härtere Federn und eine straffere Dämpfung war das Fahrwerk des *Variant syncro GT* auf die Bedingungen des Allradantriebs und die höheren Fahrleistungen abgestimmt. Die maximale Anhängelast des *syncro GT* betrug 1500 Kilogramm, konnte aber mit einer Sondergenehmigung auf 1800 Kilogramm erhöht werden.

VW Golf/VW Scirocco

In diesem Baujahr fiel vor allem der *Golf GTI* durch seine deutlich aufgewertete Optik im Straßenbild auf. Sein neu gestalteter Doppelscheinwerfer-Grill mit den roten, eingelassenen Zierstreifen verlieh ihm sein *GTI-typisches* Aussehen. Von der Seite fiel der *GTI* durch seine breiteren Stoßprofilleisten mit ebenfalls roten Zierleisten auf. Von hinten fiel auf den ersten Blick das neue Doppel-Endrohr ins Auge. Zusätzlich gehörten zur Serienausstattung 6-J×14-Leichtmetallfelgen mit Reifen der Größe 185/60 HR 14.

Auch der Innenraum war aufgewertet worden.

Der *Golf GTD* bekam den Doppelscheinwerfer-Grill, bei dem das Fernlicht als Zusatzscheinwerfer angeordnet war. Neu waren die schwarzen Schweller. Da die Technik dieses Modells ausgereift war, wurden hier nur nachrangige Modellpflege-Maßnahmen vorgenommen.

Das Sondermodell *Golf Match* erweiterte im *Frühjahr 1985* das Modellangebot des Volkswagenwerks. Es war nach dem *Golf Hit 1984* das zweite Sondermodell. Der *Match* war Alpinweiß, Tornadorot oder Venusgraumetallic lackiert, wobei auch die Stoßfänger und die Außenspiegelgehäuse in der Wagenfarbe gehalten waren. 175/70er-Stahlgürtelreifen auf Felgen 5,5 J × 13, Wärmeschutzverglasung, von innen einstellbare Außenspiegel auf beiden Seiten und seitliche Stoßschutzleisten gehörten zur Serienausstattung. Im Fahrzeuginneren profilierte sich das Sondermodell durch Sportsitze und -lenkrad sowie das Radio »alpha« mit elektronischem Sendersuchlauf.

Den *Golf Match* gab es zwei- oder viertürig, mit 40-kW-(55-PS-), 55-kW-(75-PS-) und 66-kW-(90-PS-)Ottomotor. Der Kunde musste für dieses Fahrzeug zwischen DM 15 295 und DM 19 125 bezahlen.

Nicht unerwähnt bleiben darf, dass das 40-kW-

Ein besonders erfolgreiches und gelungenes Scirocco-Sondermodell war der »White Cat«.

(55-PS-)Triebwerk eine Neuentwicklung war, die den Motor mit gleicher Leistung der Vorjahre ablöste. Der neue Motor hatte einen geänderten Zylinderkopf, hydraulischen Ventilspielausgleich, Tassenstößel, eine fünffach gelagerte Nockenwelle, eine elektronische Zündanlage (TSZ) und Long-Life-Zündkerzen, die nur alle 30 000 Kilometer gewechselt werden mussten.
Die technischen Parameter dieses Motors waren:

Motor	**1,6 Liter**
Bauart	4-Zylinder-Reihenmotor, wassergekühlt
Hubraum (cm^3)	1595
Bohrung (mm)	81
Hub (mm)	77,4
Leistung (kW/PS)	55/75
Kompression	8,2 : 1
Drehzahl (1/min)	5200
Drehmoment (Nm 1/min)	96 bei 3400
Anordnung der Ventile	hängend, OHC, Antrieb durch Zahnriemen
Gemischaufbereitung	1 Register-Fallstromvergaser

Fahrleistungen und Verbrauch	
Höchstgeschwindigkeit (km/h)	154
Verbrauch (l/100 km)	5,5–7,9 (konstant 90 km/h; konstant 120 km/h Stadtzyklus)

Die große Neuerung des Jahres *1985* war jedoch der bereits *1983* auf der IAA in Frankfurt im *Scirocco GTX-16V* präsentierte *16V-Motor* im *Golf*. Der Motor war in der Zwischenzeit in seinem Drehmomentangebot verfeinert und in seiner Kraftentfaltung kultiviert worden. Was seine Reifezeit vor allem verlängert hatte, war die Variante mit Abgasreinigung.
Der 16-Ventil-Motor (vier Ventile pro Zylinder) mit 1,8 Litern Hubraum wurde von dem erfolgreichen VW-Aggregat EA 827 abgeleitet, das erstmals *1972* im *Audi 80* erschien und seither mit mehr als 17 Millionen Exemplaren zu einem der erfolgreichsten Motoren der Welt geworden war.
Im Laufe der Jahre erfuhr der Vierzylinder eine sorgfältige Modellpflege, und aus dem EA-827-Aggregat entwickelten sich Fünf- und Sechszylinder sowie Dieselmotoren mit und ohne Aufladung.
Der 16-V-Motor im *Golf* und *Scirocco* hatte die folgenden Kenndaten:

Motor	1,8 Liter 16V
Bauart	4-Zylinder-Reihenmotor, wassergekühlt
Hubraum (cm^3)	1781
Bohrung (mm)	81
Hub (mm)	86,4
Leistung (kW/PS)	102/139 (mit Kat. 95/129)
Kompression	10,0 : 1
Drehzahl (1/min)	6100 (mit Kat. 6000)
Drehmoment (Nm 1/min)	168 bei 2800
Anordnung der Ventile	hängend, DOHC, vier Ventile pro Zylinder, zwei oben liegende Nockenwellen, Antrieb durch Zahnriemen
Gemischaufbereitung	KA-Jetronic-Saugrohr-Einspritzung (für Katalysator-Variante KE-Jetronic)

Fahrleistungen und Verbrauch	
Höchstgeschwindigkeit (km/h)	208
Beschleunigung 0–100 (sec)	8,5
Verbrauch (l/100 km)	6,1–10,9 (zyklusbedingt)

Der Zylinderkopf des neuen 16-Ventilers bestand aus wärmegehärtetem Leichtmetallguss. Je zwei Einlass- und Auslassventile pro Zylinder waren um die zentrale Zündkerze gruppiert und wurden von zwei oben liegenden Nockenwellen (DOHC) über hydraulische Tassenstößel, die eine Ventileinstellung überflüssig machten, betätigt.

Durch die vier Ventile pro Zylinder wurde der Gasdurchsatz um gut 20 Prozent verbessert, die Gaswechselverluste – insbesondere bei hoher Drehzahl – wurden reduziert.

Durch den 16V-Zylinderkopf, die Breitreifen und den Spoiler war der *Golf 16V* gegenüber dem herkömmlichen *GTI* rund 60 Kilogramm schwerer geworden, der *16V-Scirocco* gegenüber dem *GTX* rund 50 Kilogramm.

Der Scirocco GTX 16V war das Spitzenmodell dieser Fahrzeugreihe und erreichte mit seinen 102 kW (139 PS) eine Spitzengeschwindigkeit von 208 km/h. Äußerlich erkennbar war der Wagen an seinen leuchtend roten Emblemen am Kühler und auf der Heckklappe.

Die veränderten Spoiler minderten den Auftrieb an der Hinterachse und bewirkten, dass sich die Luftwiderstandsbeiwerte gegenüber dem *Golf GTI* und dem *Scirocco GTX* nicht erhöhten. Es galten 0,35 c_W für den *Golf* und 0,38 c_W für den *Scirocco*.
Beide Fahrzeuge erreichten deshalb die gleiche Höchstgeschwindigkeit von 208 km/h und beschleunigten in 8,5 bzw. 8,1 Sekunden aus dem Stand auf 100 km/h.
Optische Merkmale des *Golf GTI 16V* waren die leuchtendroten 16V-Embleme außen und auf der Klappe des Ablagefachs in der Armaturentafel, die Luftführung im Frontspoiler zur Kühlung der Scheibenbremsen, die 6-J×14-Stahlscheibenräder mit der 185/60 VR-14-Bereifung sowie die serienmäßige elektronisch verstärkende Dachantenne. Darüber hinaus verfügte der *16-Ventiler-Golf* über die *GTI*-typischen Sport- und Komfortmerkmale wie Doppelscheinwerfer-Grill, Kotflügelverbreiterungen, Heckspoiler, Doppelendrohr-Auspuffanlage, Multifunktionsanzeige, Drehzahlmesser und Sportsitze.
Vom *Golf Cabrio* gab es im April dieses Jahres das Sondermodell *Cabrio Azur*, im Mai folgte das *Cabrio Havanna* mit Lederausstattung und im Dezember das *Cabrio CC* (Christmas Cabrio).

VW Jetta

Im Jahre *1985* kam der *Jetta GT* mit dem 82-kW-(112-PS-)Motor auf den Markt, der sich in der Klasse der sportlichen Limousinen etablieren sollte. Äußerlich fiel dieses Fahrzeug durch die gleichen optischen Attribute auf, wie der *Golf GTI* sie hatte. Zusätzlich erhielt er jedoch auf der Gepäckraumklappe einen Heckspoiler, Kotflügelverbreiterungen durch schwarze Kunststoffwülste und schwarze Abdeckungen der Radnaben. Ergänzt wurde das durch jeweils schwarze Schweller, Dachpfostenabdeckungen und eine Griffleiste an der Heckklappe.
Auch der Innenraum war betont sportlich. Hier fanden sich die Attribute aus dem *Golf GTI* wieder.
Der 1,8-Liter-Einspritzmotor mit seinen 82 kW sorgte im *Jetta GT* für entsprechende Fahrleistungen und wurde dabei von einem sportlichen Fünfgang-Schaltgetriebe unterstützt.

Fahrleistungen und Verbrauch	
Höchstgeschwindigkeit (km/h)	189
Beschleunigung 0–100 (sec)	10,0
Verbrauch (l/100 km)	11,3

Der Jetta war in der zweiten Generation ein Wagen mit vielen Vorzügen geworden. Vor allem sein großer Kofferraum wurde von den Kunden geschätzt.

VW Polo

Der bisherige 29-kW-(40-PS-)Motor wurde durch ein neues Triebwerk mit 1,05 Litern Hubraum und 33 kW (45 PS) ersetzt. Dieser moderne Motor hatte einen neuen Zylinderkopf mit hydraulischen Tassenstößeln, die das Ventilspiel automatisch ausglichen. Die Nockenwelle war fünffach gelagert, der Vergaser war mit einer Startautomatik ausgerüstet. Neu war auch die elektronische Zündanlage. Die technischen Parameter dieses neuen Aggregats waren:

Motor	1,05 Liter
Bauart	4-Zylinder-Reihenmotor, wassergekühlt
Hubraum (cm³)	1043
Bohrung (mm)	75
Hub (mm)	59
Leistung (kW/PS)	33/45
Kompression	9,5:1
Drehzahl (1/min)	5600
Drehmoment (Nm 1/min)	74 bei 3600
Anordnung der Ventile	hängend, OHC, Antrieb durch Zahnriemen
Gemischaufbereitung	1 Fallstromvergaser mit Startautomatik
Fahrleistungen und Verbrauch	
Höchstgeschwindigkeit (km/h)	142
Beschleunigung 0–100 (sec)	19,5
Verbrauch (l/100 km)	5,6–7,6 (zyklusbedingt)

Der 40-kW-Motor (55 PS) entsprach jetzt auch beim *Polo* dem des *Golf*. Vom *Polo Coupé* wurde, in Analogie zum *Steilheck* und zum *Stufenheck*, eine *C-Version* angeboten. Als neue Extras konnten *Polo-Besitzer* jetzt ein aufstellbares Sonnenglasdach, das sich ganz herausnehmen ließ, oder eine Dachreling für die *Steilheck-Version* bestellen.
Schon im *Herbst 1984* musste die Stückzahl des limitierten Sondermodells *Polo Fox* erhöht werden. Neu

Schnittzeichnung des leistungsstärkeren 1,05-Liter-Motors für den Polo.

bei diesem Modell waren *1985* die größeren Reifen im Format 155/70 SR 13 sowie die Radvollblenden. Beim *Polo Stufenheck* und *Coupé* bekam der Heckscheibenwischer eine Intervallschaltung.
Die große technische Revolution des Jahres *1985* war aber der *Polo G40*. Bei diesem Fahrzeug handelte es sich um das sportliche Spitzenmodell der *Polo-Modellreihe* mit einem »aufgeladenen« Motor. Zur Leistungssteigerung diente dabei der »G-Lader«, der über Keilriemen direkt vom Motor angetrieben wurde und dem 1,3-Liter-Motor zu völlig neuen Leistungsdimensionen verhalf.

Motor	1,3 Liter G40
Bauart	4-Zylinder-Reihenmotor, wassergekühlt
Hubraum (cm³)	1272
Bohrung (mm)	75
Hub (mm)	72
Leistung (kW/PS)	85/115
Kompression	8,0:1

Drehzahl (1/min)	6000
Drehmoment (Nm 1/min)	148 bei 3600
Anordnung der Ventile	hängend, OHC, Antrieb durch Zahnriemen
Gemischaufbereitung	1 Registervergaser mit Startautomatik mit spiralförmigem G-Lader
Fahrleistungen und Verbrauch	
Höchstgeschwindigkeit (km/h)	195
Beschleunigung 0–100 (sec)	9,0
Verbrauch (l/100 km)	5,6; 7,5; 8,9

Der im *Polo* verwendete G-40-Lader arbeitete nach einer inneren Verdichtung von 1,0, der maximale Ladedruck lag bei 0,72 bar. Bei einer Nenndrehzahl von 10 200/min wurden pro Umdrehung 566 cm^3 Luft gefördert. Da Aufladung für einen Motor immer eine höhere Belastung darstellt, wurden zahlreiche Modifikationen vorgenommen. Tassenstößel mit hydraulischem Ventilspielausgleich übernahmen die Aufgabe. Weitere Verbesserungen galten dem Kühlsystem. Außerdem machte der Motor einen Luftmengenmesser vor dem Lader, Sensoren für den Ladedruck, die Lufttemperatur, die Kühlmittel-Temperatur und Drehzahl sowie einen Klopfsensor notwendig.

In den *Polo G40* war ein neues Fünfgang-Schaltgetriebe eingebaut, das sportlich eng abgestuft und optimal auf die Leistungscharakteristik des aufgeladenen Vierzylinders abgestimmt war. Das Fahrwerk war um 20 Millimeter tiefergelegt worden, die Federn und Stoßdämpfer waren straffer abgestimmt, und es gab Veränderungen an den hinteren Querlenker- und den Spurstangenlagern der Vorderachse. Auch die Bremsanlage wurde verstärkt. Serienmäßig waren Leichtmetallräder der Dimension 5,5 J × 13 mit einer Bereifung der Größe 175/60 R 13 H.

Selbstverständlich war auch das neue Spitzenmodell der *Polo-Reihe* mit einer umweltfreundlichen Abgasanlage mit Katalysator und Lambda-Regelung ausgestattet.

Schnittmodell eines G-Laders.

1986: Modellpflege

VW Passat

Beim *Passat* gab es ein klar gegliedertes Ausstattungsprogramm mit den Stufen *C*, *CL* und *GL*. Gemeinsame äußere Merkmale aller *Modelle Jahrgang 1986* waren die breiten, bis an die Radausschnitte herumgezogenen Stoßfänger, vorn mit integriertem Spoiler, der Kühlergrill mit Halogen-Breitbandscheinwerfern und die breiten seitlichen Rammschutzleisten.

Der *Passat-Käufer* konnte nach wie vor bei den Ausstattungsstufen *C* und *CL* zwischen dem Vierzylinder-Motor mit 44 kW (60 PS), dem Vierzylinder mit 55 kW (75 PS) und dem Einspritzmotor mit 66 kW (90 PS) wählen. Die *GL-Version* konnte man zusätzlich mit dem 2,0-Liter-85-kW-Fünfzylinder-Motor (115 PS) bestellen. Für umweltbewusste Fahrer, die auch an Steuervorteile dachten, gab es den 1,6-Liter-53-kW-(72-PS-)Motor mit ungeregeltem Katalysator nach Euro-Norm und den 66-kW-Motor als Einspritzer mit Abgasreinigung durch Katalysator und Lambda-Technik sowie einen 2,2-Liter-Einspritzmotor mit 85 kW (115 PS).

Die technischen Parameter der abgasgereinigten Motoren waren:

Motor	1,6 Liter	1,8 Liter	2,2 Liter
Bauart	4-Zylinder-Reihenmotor, wassergekühlt		5-Zylinder-Reihenmotor
Hubraum (cm^3)	1595	1781	2226
Bohrung (mm)		81,0	
Hub (mm)	77,4	86,4	
Leistung (kW/PS)	53/72	66/90	85/115
Kompression	9,0 : 1		8,5 : 1
Drehzahl (1/min)	5200	5500	
Drehmoment (Nm 1/min)	120 bei 2700	137 bei 3250	170 bei 3000
Anordnung der Ventile	hängend, OHC, Antrieb durch Zahnriemen		
Gemischaufbereitung	Fallstromvergaser	Registervergaser	
Fahrleistungen und Verbrauch			
Höchstgeschwindigkeit (km/h)	153	164	174
Beschleunigung 0–100 (sec)	16,4	13,8	12,8
Verbrauch (l/100 km)	6,6–9,9	6,1–11,2	7,6–13,8
	(zyklusbedingte Minimal- und Maximalwerte: konstant 90 km/h bzw. Stadtverkehr)		

Sportlich orientierten *Passat-Interessenten* bot die *1985* neu ins Programm aufgenommene *GT-Version* von *Schrägheck-Limousine und Variant* eine entsprechende Ausstattung und Motorisierung. Auf den ersten Blick erkannte man den *GT* an den schwarzen Radhaus- und Schwellerverbreiterungen, an den 195/60-HR-14-Breitreifen auf 6-J×14-Stahlscheibenrädern und an der schwarzen Dachreling beim *Variant*.

Im Innenraum fielen vor allem die serienmäßigen Sportsitze auf, der Fahrersitz war in der Höhe verstellbar. Serienmäßig waren auch das Vierspeichen-Sportlenkrad und die geteilte Rücksitzbank. Der *Variant* verfügte über eine Laderaumabdeckung.
Motorisiert war der *Passat GT* mit einem 2,2-Liter-Fünfzylinder-Motor mit folgenden technischen Daten:

Motor	**2,2 Liter**
Bauart	5-Zylinder-Reihenmotor, wassergekühlt
Hubraum (cm^3)	2226
Bohrung (mm)	81,0
Hub (mm)	86,4
Leistung (kW/PS)	100/136
Kompression	10,0 : 1
Drehzahl (1/min)	5700
Drehmoment (Nm 1/min)	184 bei 3550
Anordnung der Ventile	hängend, OHC, Antrieb durch Zahnriemen
Gemischaufbereitung	mechanisch/elektronische Einspritzung
Fahrleistungen und Verbrauch	
Höchstgeschwindigkeit (km/h)	191
Beschleunigung 0–100 (sec)	9,5
Verbrauch (l/100 km)	6,6–11,9 (zyklusbedingt)

Eine besonders noble Version der *Stufenheck-Limousine* war der *Passat Carat*. Er wurde ausschließlich mit den beiden 85-kW-(115-PS-)Einspritz-Motoren – einer davon mit Abgasreinigung – ausgeliefert. Seine Ausstattung ließ kaum noch einen Wunsch an individueller Optik und hochklassigem Komfort offen: Serienmäßig waren unter anderem die Servolenkung, Zentralverriegelung, elektrisch betätigte Fensterheber, 5,5-J×13-Leichtmetallräder, elektrisch einstellbare und beheizbare Außenspiegel, Metallic-Lackierung und Velourspolsterung. Auch ein Vierspeichen-Lenkrad mit Lederbezug und das hochwertige Stereo-Radio »gamma« mit Cassettensystem gehörten zum Serienumfang.

Neben dem bereits *1985* angebotenen *Passat Variant syncro GT* gab es ab diesem Baujahr auch eine preisgünstigere *C-Version* mit dem besonders wirtschaftlichen 66-kW-(90-PS-)Vierzylinder-Motor.
Die Fahrleistungen dieses Modells waren:

Motor	**1,8 Liter**
Höchstgeschwindigkeit (km/h)	169
Beschleunigung 0–100 (sec)	12,8 (mit Katalysator 13,0)
Verbrauch (l/100 km)	7,5–13,3 (zyklusbedingt)

Die Ausstattung basierte auf der *C-Ausstattung* des frontgetriebenen Modells, wurde aber durch zahlreiche Details optisch und funktionell aufgewertet: Serienmäßig waren unter anderem zwei von innen verstellbare Außenspiegel, eine Mittelkonsole mit Betätigung der Differenzialsperren, zusätzliche Kontrollleuchten in der Armaturentafel, eine geteilte Rücksitzbank und -lehne sowie der Heckscheiben-Heizdraht als *syncro*-Schriftzug. Das neue Modell hatte Stahlscheibenräder der Dimension 6 J × 14 mit Niederquerschnittreifen 195/60 HR 14.
Es gab den 2,2-Liter-Motor, der den *Passat Variant syncro GT* motorisierte, jetzt auch mit geregeltem Katalysator nach der US-Norm. Dieser Motor verfügte über die folgenden Leistungsmerkmale:

Motor	**2,2 Liter mit Kat und Lambda-Regelung**
Bauart	5-Zylinder-Reihenmotor, wassergekühlt
Hubraum (cm^3)	2226
Bohrung (mm)	81
Hub (mm)	86,4
Leistung (kW/PS)	88/120
Kompression	8,6 : 1
Drehzahl (1/min)	5500
Drehmoment (Nm 1/min)	170 bei 3000
Anordnung der Ventile	hängend, OHC, Antrieb durch Zahnriemen
Gemischaufbereitung	mechanisch/elektronisch geregelte Einspritzanlage mit luftumfassten Einspritzventilen

Fahrleistungen und Verbrauch	
Höchstgeschwindigkeit (km/h)	184
Beschleunigung 0–100 (sec)	10,7
Verbrauch (l/100 km)	11,2

Das Fahrwerk der beiden neuen Versionen war durch rund 30 Prozent härtere Federn und eine straffere Dämpfung auf die Bedingungen des Allradantriebs und die Fahrleistungen abgestimmt. Längere und härtere Zusatzfedern verhinderten ein Durchschlagen auf schlechten Wegstrecken.

VW Golf

Mit über 300000 Zulassungen in Deutschland war der *Golf 1985* der absolute Bestseller. Das Modellprogramm umfasste die Ausstattungsstufen *C, CL* und *GL,* die jeweils mit drei verschiedenen Ottomotoren, einem Diesel- und einem Turbo-Dieselmotor kombinierbar waren. Diese Triebwerke waren mit denen des Vorjahres identisch. Dazu gab es noch ein breites Angebot von verschiedenen Motoren mit Abgasreinigung von 40 kW (50 PS) über 55 kW (75 PS) bis hin zu 66 kW (90 PS)

Das preisgünstigste Modell war der *Golf C* mit 40 kW (55 PS), die meistgekaufte Motorisierung war jedoch die 55-kW-(75-PS-)Version, die durch Temperament, hohe Motorelastizität und eine Höchstgeschwindigkeit von nahezu 170 km/h überzeugte.

Schon in der *C-Ausstattung* war der *Golf* ein komplett und funktionsgerecht ausgestattetes Auto. Die *CL-Ausstattung* sprach *Golf-Freunde* an, die Wert auf noch mehr Komfort und farbliche Auswahlmöglichkeiten legten. Die *GL-Ausstattung* war von einer hochwertigen Stoffqualität bei Sitzbezügen und Türverkleidungen sowie bemerkenswerten Ausstattungsdetails bestimmt wie eine Mittelkonsole, die geteilte Rücksitzbank und -lehne sowie die Auskleidung und Beleuchtung des Gepäckraums.

Der *Carat* war die Edelversion des *Golf.* Seine Ausstattung übertraf teilweise sogar die der automobilen Oberklasse: Servolenkung, elektrisch betätigte Fensterheber, Zentralverriegelung, Metallic-Lackierung, elektrisch einstellbare und beheizbare Außenspiegel, Velourspolsterung, ein lederbezogenes Lenkrad, die Multifunktionsanzeige, ein Drehzahlmesser und das hochwertige Stereo-Radio »gamma« mit Cassettenteil.

Drei Generationen von Volkswagen Cabrios: das Käfer Cabrio, daneben das Golf Cabrio I von 1985, im Vordergrund das Golf III Cabrio von 1993.

Den *Golf Carat* gab es ausschließlich mit dem 66-kW-(90-PS-)Motor mit und ohne Katalysator. Die technischen Daten waren mit den beim *Passat* beschriebenen Aggregaten identisch. Unterschiede gab es allerdings bei den Fahrleistungen und beim Verbrauch:

Fahrleistungen und Verbrauch	Golf Carat
Höchstgeschwindigkeit (km/h)	175
Beschleunigung 0–100 (sec)	11,5
Verbrauch (l/100 km)	5,8–11,1 (zyklusbedingt)

Der *Golf GTI* wurde im Regelfall von dem 1,8-Liter-Einspritz-Motor angetrieben. Für umweltbewusste *GTI-Fahrer* gab es jetzt auch den 1,8-Liter-Motor mit Abgasreinigung.

Die technischen Daten dieses Motors waren:

Motor	1,8 Liter mit Abgasreinigung
Bauart	4-Zylinder-Reihenmotor, wassergekühlt
Hubraum (cm^3)	1781
Bohrung (mm)	81
Hub (mm)	86,4
Leistung (kW/PS)	79/107
Kompression	10,0 : 1
Drehzahl (1/min)	5250
Drehmoment (Nm 1/min)	154 bei 3250
Anordnung der Ventile	hängend, OHC, Antrieb durch Zahnriemen
Gemischaufbereitung	mechanisch/elektronische Einspritzanlage mit Klopfregelung, Katalysator und Lambda-Sonde
Fahrleistungen und Verbrauch	
Höchstgeschwindigkeit (km/h)	186
Beschleunigung 0–100 (sec)	10,3
Verbrauch (l/100 km)	6,1–10,3 (zyklusbedingt)

Der *Golf GTD* verfügte äußerlich über die gleichen optischen Attribute wie der *Golf GTI:* Doppelscheinwerfer-Grill, schwarze Schweller, Kotflügel-Verbreiterungen und einen Heckspoiler. Auch die Innenausstattung war mit der des *GTI* weitgehend identisch.

Als Sondermodelle gab es den *Golf Flair* im Februar und den *Golf Fun* im August.

Das *Golf Cabriolet* gab es mit dem Normalbenzin-Motor mit 55 kW (75 PS) und dem Viergang-Schaltgetriebe, bzw. dem 4+E- oder einem Automatikgetriebe (beide als Mehrausstattung) oder auch mit dem 66-kW-(90-PS-)Superbenzin-Motor mit serienmäßigem 4+E-Getriebe.

Neu war für das *Golf Cabrio* der 70-kW-(95-PS-)Motor mit Abgasreinigung, der, mit einer Einspritzanlage, Katalysator und Lambda-Sonde versehen, die US-Norm erfüllte.

Zur Serienausstattung aller *Golf Cabrios* gehörten unter anderem der Doppelscheinwerfer-Grill, Sportsitze vorn und eine sportlich ausgeformte Rücksitzbank, das Vierspeichen-Sportlenkrad sowie eine reichhaltige Instrumentierung einschließlich Drehzahlmesser. Beim *GTI* gehörte außerdem noch die Multifunktionsanzeige dazu.

Der *Golf syncro* war der erste PKW der Kompaktklasse mit einem permanenten Allradantrieb. Eine Visco-Kupplung im Antriebsstrang übernahm mehrere Funktionen zugleich – vor allem die schlupfabhängige Kraftverteilung auf Vorder- und Hinterachse.

Beim *Golf syncro* wurden permanent alle vier Räder angetrieben, aber das Drehmoment des Motors wurde immer so auf Vorder- und Hinterachse verteilt, dass in jeder Situation maximaler Vortrieb und Vortriebsstabilität gesichert waren.

Der *Golf syncro* war mit dem bewährten 1,8-Liter-Triebwerk motorisiert und besaß ein sportlich abgestimmtes Fünfgang-Schaltgetriebe. Wahlweise war auch der 66-kW-Einspritzmotor mit Katalysator und Lambda-Technik erhältlich, der die US-Norm erfüllte. Das Mehrgewicht des Allradantriebs betrug rund 90 Kilogramm. Trotzdem blieben die Fahrleistungen gegenüber dem Fronttriebler fast unverändert:

Fahrleistungen und Verbrauch	
Höchstgeschwindigkeit (km/h)	178
Beschleunigung 0–100 (sec)	11,3
Verbrauch(l/100 km)	6,5–12,6 (zyklusbedingt)

Der Golf syncro war äußerlich auf den ersten Blick lediglich an seinem Emblem auf der Heckklappe zu erkennen. Der hier abgebildete Golf Country war eine Sonderversion des Golf syncro, die allerdings durch Anbauteile auffiel.

Während im Innenraum die gewohnten Platzverhältnisse vorherrschten, fiel der Gepäckraum beim *Golf syncro* wegen der neuen Hinterachse mit 228 Litern etwas kleiner aus. Legte man jedoch die Rücksitzbank um, standen auch beim *Golf syncro* 1000 Liter Ladevolumen zur Verfügung.

Der *Golf syncro* wurde ausschließlich als Viertürer angeboten. Seine Außen- und Innenausstattung basierte auf dem *CL-Modell,* wies aber eine Reihe von Zusatzmerkmalen auf: großer Frontspoiler, Kotflügelverbreiterungen und schwarze Schweller, seitliche Blinkleuchten, breite seitliche Stoßprofilleisten, von innen einstellbarer Fahrer-Außenspiegel.

Serienmäßig waren Stahlscheibenräder der Dimension 5,5 J × 14 mit Reifen der Größe 175/70 HR 14.

VW Jetta

Der Kunde konnte beim *Jetta* unter den Modellen *C, CL* und *GL* wählen. Zusätzlich gab es noch den sportlichen *Jetta GT* und den luxuriösen *Carat.*

Das Motorenangebot für die drei Ausstattungsstufen umfasste die bekannten Aggregate. Dazu kamen noch die Motoren mit Abgasreinigung nach US-Norm mit folgenden technischen Parametern:

Motor	1,3 Liter	1,6 Liter	1,6 Liter
Bauart	4-Zylinder-Reihenmotor, wassergekühlt		
Hubraum (cm^3)	1272	1595	
Bohrung (mm)	75	81	
Hub (mm)	72	77,34	77,4
Leistung (kW/PS)	40/55	53/72	66/90
Kompression	9,5 : 1	9,0 : 1	
Drehzahl (1/min)	5200		
Drehmoment (Nm 1/min)	96 bei 3400	120 bei 2700	137 bei 3000
Anordnung der Ventile	hängend, OHC, Antrieb durch Zahnriemen		
Gemischaufbereitung	1 Registervergaser mit Startautomatik		elektronisch geregelter Registervergaser

Der Jetta GT war eine vollwertige Limousine der unteren Mittelklasse, die aufgrund ihrer Fahrleistungen und des Komforts große Aufmerksamkeit erreichte.

An der Serienausstattung des *Jetta Carat* war seit seiner Markteinführung *1984* nichts Wesentliches verändert worden. Auch die Motorisierung mit 66 kW (90 PS) mit oder ohne Abgasreinigung war unverändert geblieben. Die Höchstgeschwindigkeit des *Carat* lag bei 173 km/h, für die Beschleunigung aus dem Stand auf 100 km/h benötigte er 11,1 Sekunden. Der Verbrauch lag bei dem nicht geregelten Motor zwischen 5,7 und 8,7 l/100 km, beim geregelten Triebwerk zwischen 5,9 und 11,1 l/100 km.

Der *Jetta GT* war das sportliche Spitzenmodell der *Jetta-Flotte*. Für seine beachtlichen Fahrleistungen sorgte der bewährte 82-kW-(112-PS-)Einspritz-Motor, der schon als *GTI-Triebwerk* immer wieder beste Zeugnisse bekommen hatte. Auch für den *Jetta* stand er jetzt in der Version mit Katalysator und Lambda-Regelung zur Verfügung, die 79 kW (107 PS) leistete und die US-Norm erfüllte.

Motor	1,8 Liter, geregelt
Bauart	4-Zylinder-Reihenmotor, wassergekühlt
Hubraum (cm^3)	1781
Bohrung (mm)	81
Hub (mm)	86,4
Leistung (kW/PS)	79/107
Kompression	10,0:1
Drehzahl (1/min)	5250
Drehmoment (Nm 1/min)	154 bei 3250
Anordnung der Ventile	hängend, OHC, Antrieb durch Zahnriemen
Gemischaufbereitung	mechanisch/elektronische Einspritzanlage mit Klopfgrenzenregelung

Mit diesem Motor wurden die folgenden Fahrleistungen und Verbräuche erreicht:

Fahrleistungen und Verbrauch	
Höchstgeschwindigkeit (km/h)	184
Beschleunigung 0–100 (sec)	10,6
Verbrauch (l/100 km)	6,3–11,7 (zyklusbedingt)

Das Fahrwerk des *Jetta GT* war auf die sportlichen Leistungswerte abgestimmt. Dazu gehörten innenbelüftete Scheibenbremsen vorn, Scheibenbremsen hinten, ein lastabhängiger Bremskraftregler und ein Bremskraftverstärker.

VW Scirocco

Nach wie vor war der *Scirocco GT* das Grundmodell, das wahlweise mit vier verschiedenen Motoren erhältlich war: Mit den Vergasermotoren von 55 kW (75 PS) und 66 kW (90 PS), mit dem 82-kW-Einspritzaggregat (112 PS) sowie dem 70-kW-Triebwerk (95 PS) mit Abgasreinigung durch Katalysator und Lambda-Technik. Alle Motoren verfügten über den wartungsfreien hydraulischen Ventilspielausgleich (nicht bei 70 kW), eine elektronische Zündanlage (TSZ) und Longlife-Zündkerzen.

Die funktional-komplette Ausstattung der *GT-Modelle* umfasste unter anderem den Rundum-Spoilersatz, die 6-J×14-Stahlscheibenräder mit Reifen der Größe 185/60 HR 14, das Vierspeichen-Sportlenkrad, Türablagekästen, Drehzahlmesser und Digitaluhr, den von innen einstellbaren Fahrer-Außenspiegel sowie den großen Heckspoiler und die Breitbandscheinwerfer mit zusätzlichen Fernlichtscheinwerfern.

Die *GTL-Version* bot eine Reihe hochwertiger Ausstattungsmerkmale, unter anderem die Metallic-Lackierung, eine geteilte Rücksitzbank und zwei von innen einstellbare Außenspiegel. Auch für das *GTL-Modell* waren die oben genannten Motoren im Angebot.

Ausgesprochen sportlich war der *Scirocco GTX*, der zusätzlich über den großen Heckspoiler und Leichtmetall-Räder der Dimension 6 J × 14 mit der Bereifung 185/60 HR 14 verfügte. Das Fahrwerk des *Scirocco 16-Ventilers* wurde durch straffere Auslegung der Federn und Dämpfer sowie eine zusätzliche Strebe zwischen den vorderen Querlenkern auf die hohen Fahrleistungen abgestimmt. Serienmäßig waren die Scheibenbremsen an allen vier Rädern, vorn waren sie innenbelüftet.

Zusätzlich gehörten die grüne Wärmeschutzverglasung, eine Öltemperaturanzeige in der Mittelkonsole (bei 82 kW sowie beim *GT/GTL* Multifunktionsanzeige) und die höheneinstellbaren Sportsitze zur Serienausstattung.

Motorisiert war der *Scirocco GTX* mit dem 66-kW-(90-PS-)Vergasermotor mit 4+E-Schaltgetriebe, dem 70-kW-(95-PS-)Einspritzmotor mit Katalysator und Lambda-Regelung sowie einem Sport-Fünfgang-Schaltgetriebe, oder dem 82-kW-(112-PS-)Einspritzmotor mit sportlichem Fünfgang-Schaltgetriebe.

Neu waren der *Scirocco 16V* und der *Scirocco GTX 16V* mit und ohne Abgasreinigung.

Die beiden Sechzehnventiler hatten die folgenden technischen Parameter:

Der Scirocco GT 16V war das Spitzenmodell der Sportwagen-Flotte von Volkswagen.

Motor	1,6 Liter mit Abgasreinigung	1,6 Liter ohne Abgasreinigung
Bauart	4-Zylinder-Reihenmotor, wassergekühlt	
Hubraum (cm^3)	1781	
Bohrung (mm)	81	
Hub (mm)	86,4	
Leistung (kW/PS)	102/139	95/129
Kompression	10,0 : 1	
Drehzahl (1/min)	6100	5850
Drehmoment (Nm 1/min)	168 bei 4600	168 bei 4250
Anordnung der Ventile	hängend DOHC, vier Ventile pro Zylinder Antrieb durch Zahnriemen	
Gemischaufbereitung	mechanisch geregelte Einspritzanlage mit luftumfassten Einspritzventilen, Schubabschaltung	
Fahrleistungen und Verbrauch		
Höchstgeschwindigkeit (km/h)	208	200
Beschleunigung 0–100 (sec)	8,1	8,6
Verbrauch (l/100 km)	6,0–10,9	6,3–11,3 (zyklusbedingt)

Mit dem 1,6-Liter-Sechzehnventil-Motor setzte Volkswagen wieder neue Maßstäbe. Die Leistung dieses Motors lag bei 102 kW (139 PS) und beschleunigte den Scirocco GTX 16V auf 208 km/h.

Die Instrumententafel des Polo war übersichtlich und ergonomisch. Alle Schalter lagen griffgünstig, die Anzeigeinstrumente waren im Blickfeld des Fahrers.

VW Polo

Für die beiden Karosserievarianten des *Polo* – Steilheck und Stufenheck – gab es fünf verschiedene Motoren, davon drei mit Abgasreinigung. Für das *Polo Coupé* standen sogar sechs Motoren zur Auswahl, davon ebenfalls drei mit Abgasreinigung. Als Sondermodell mit Langzeitwirkung gab es nach wie vor das Steilheck als *Polo Fox*.

Die Ausstattungsstufen und die Ausstattung blieben gegenüber dem Vorjahr bis auf Kleinigkeiten unverändert. Das *Polo Coupé* war jetzt allerdings auch in der preiswerten *C-Version* lieferbar.

1987: Modellpflege

VW Passat

Die bisherige Gliederung des Modellprogramms in *Grundmodell, C-* und *GL-Modell* für den *Passat* wurde auch im neuen Modelljahr beibehalten, ebenso wie die äußerlichen Merkmale.

Die Motorisierung wurde vom Vorjahr übernommen, allerdings konnte der *Passat GT* jetzt auch mit dem 55-kW-(75-PS-), dem 66-kW-(90-PS-) sowie dem 85-kW-(115-PS-)Triebwerk geordert werden. Außerdem war auch der 51-kW-(70-PS-)Turbo-Diesel-Motor lieferbar. Drei Motoren gab es mit Abgasreinigung: mit 53 kW (72 PS), 66 kW (90 PS) und 85 kW (115 PS). Der *VW Passat GT* mit Fünfzylinder-Motoren verfügte serienmäßig über ein sportliches Fünfgang-Schaltgetriebe.

Den *Passat Variant* und den *Variant GT* gab es auch als *syncro-Modelle* mit permanentem Allradantrieb. Die preiswerte Version war mit dem 66-kW-(90-PS-) Motor ausgestattet, während die *GT-Version* serienmäßig entweder den 85-kW-(115-PS-) oder den 2,2-l-88-kW-(120-PS-)Fünfzylinder eingebaut bekam.

Die Fahrleistungen und der Verbrauch stellten sich wie folgt dar:

	1,8 Liter	2,2 Liter
Höchstgeschwindigkeit (km/h)	169	184
Beschleunigung 0–100 (sec)	13,0	10,9
Verbrauch (l/100 km)	7,5–13,3	8,4–14,5

Das Stufenheck-Modell Passat Carat war das Spitzenfahrzeug der Passat-Reihe, zumindest was die Ausstattung betraf. Motorisiert war der Carat mit dem 85-kW-Einspritz-Motor.

Die Ausstattung des *VW Passat Variant syncro* basierte auf der des frontgetriebenen Grundmodells, wurde aber durch zahlreiche Details optisch und funktionell aufgewertet. Serienmäßig waren unter anderem zwei von innen einstellbare Außenspiegel, Mittelkonsole mit Betätigung der Differenzialsperren, zusätzliche Kontrollleuchten in der Armaturentafel, geteilte Rücksitzbank und -lehne sowie Niederquerschnittsreifen der Dimension 195/60 HR 14, die auf Stahlscheibenrädern der Größe 6 J × 14 aufgezogen waren, und der Heckscheiben-Heizdraht als syncro-Schriftzug. Der Tank der *Passat-Variant-syncro-Modelle* fasste 70 Liter Treibstoff.

VW Golf

1987 könnte man beim *Golf* als das Jahr der Sondermodelle bezeichnen. Insgesamt gab es davon sechs Stück. Im Februar erschien der *Golf Sky*, im März der *Golf Bistro*. Das nächste Sondermodell war ein *Cabrio* mit der Bezeichnung *Quartett* mit einer weißen Lederausstattung. Im Oktober erschien das nächste Sondermodell, eine Limousine, der *Golf Memphis*, gefolgt vom *GT Spezial* im November. Das letzte Sondermodell des Jahres *1987* war der *Golf Tour*.

Grundsätzlich wurde der erfolgreiche *VW Golf* so weitergebaut wie im Vorjahr, allerdings mit einer Ausnahme: es gab ein neues Modell, den *VW Golf GT*. Er war ein neuer sportlicher Vertreter der *Golf-Modellreihe*.

Motorisiert wurde der neue *VW Golf GT* mit dem bewährten 1,8-Liter-66-kW-(90-PS-)Motor, der ihm in Verbindung mit dem serienmäßigen sportlichen Fünfgang-Getriebe zu respektablen Fahrleistungen verhalf:

Höchstgeschwindigkeit (km/h)	178
Beschleunigung 0–100 (sec)	10,6
Verbrauch (l/100 km)	5,8–8,9

Der gleichstarke schadstoffarme Motor stand ebenfalls für den *VW Golf GT* zur Verfügung. Für das sichere Fahrverhalten sorgte das Fahrwerk aus dem *VW Golf GTI* mit innenbelüfteten Scheibenbremsen vorn.

Neben dem Doppelscheinwerfer-Grill und dem Heckspoiler vermittelten die schwarzen Schweller und Kotflügelverbreiterungen schon von außen eine dezente Sportlichkeit. Weitere Ausstattungsdetails des *VW Golf GT* waren unter anderem der Drehzahlmesser mit Digitaluhr und die Multifunktionsanzeige mit sieben Abfragemöglichkeiten. Ein Vierspeichen-Sportlenkrad und die Mittelkonsole mit Zigarettenanzünder gehörten ebenso zur Serienausstattung wie die Scheibenräder 5,5 J × 13 mit Stahlgürtelreifen der Größe 175/70 HR 13.

Für den *VW Golf GTI* gab es im laufenden Modelljahr einen Motor mit Abgasreinigung, der auf dem bewährten 1,8-Liter-Motor mit 81 kW (112 PS) aufbaute und 79 kW (107 PS) lieferte. Besondere Merkmale des *VW Golf GTI* Baujahr *1987* waren der Doppelscheinwerfer-Grill und der große Frontspoiler, die leuchtend roten Zierleisten auf den Stoßfängern und auf den seitlichen Profilleisten sowie das Doppelend-Auspuffrohr.

VW Golf GTI 16V und *VW Golf GTD* wurden unverändert weitergebaut, ebenso wie das *VW Golf Cabrio*. Auch am *VW Golf syncro* wurden nur kleinere Modellpflegemaßnahmen vorgenommen. Als interessantes Extra war jetzt allerdings ein elektronisch geregeltes ABS lieferbar, das Volkswagen gemeinsam mit ATE entwickelt hatte.

Äußerlich war dieses Modell an seinem Doppelscheinwerfer-Grill, den Kotflügelverbreiterungen und einem Heckspoiler zu erkennen.

Die Fahrleistungen des *Golf GT syncro* mit dem 66-kW-(90-PS-)Motor waren:

Höchstgeschwindigkeit (km/h)	175
Beschleunigung 0–100 (sec)	11,3
Verbrauch (l/100 km)	6,5–12,6

VW Jetta

Die bisherigen *Jetta-Modelle* wurden im Wesentlichen unverändert weitergebaut. Die Modellpalette wurde allerdings durch ein weiteres Modell, den *VW Jetta GTD* erweitert. Dieses neue Fahrzeug kombinierte sportliche Ausstattung mit den günstigen Verbrauchswerten des Dieselmotors mit Abgasturbolader.

Mit dem serienmäßigen 4+E-Schaltgetriebe konsumierte der 1,6-Liter-Turbo-Diesel im *VW Jetta GTD* auf 100 Kilometern bei konstant 90 km/h nur 4,4 Liter, bei konstant 120 km/h 6,3 Liter und 6,4 Liter Dieselkraftstoff im Stadtzyklus (nach DIN 70030). Den niedrigen Verbrauchswerten standen beachtliche Fahrleistungen gegenüber: Beschleunigung von 0 auf 100 km/h in 15 Sekunden und eine Höchstgeschwindigkeit von 158 km/h.
Die sportlichen Ausstattungsdetails wurden den Fahrleistungen gerecht. Der *VW Jetta GTD* hatte Stahlscheibenräder der Größe 5,5 J × 13 mit Breitreifen der Dimension 175/70 SR 13. Dazu kamen Kotflügelverbreiterungen und schwarze Schweller. Weitere *GTD-Merkmale* waren neben der speziellen Innenausstattung (wahlweise in zwei Farben) auch das Vierspeichen-Sportlenkrad und die Mittelkonsole mit Zigarettenanzünder.

VW Scirocco

Die *VW Scirocco*-Modelle wurden ohne bemerkenswerte Modellpflegemaßnahmen weitergebaut.

VW Polo

Während das *Polo-Programm* grundsätzlich unverändert weitergebaut wurde, gab es mit dem *VW Polo Coupé Fox* ein neues, attraktives Modell. Wie schon der *VW Polo Fox* wurde auch das neue Fahrzeug von dem 33-kW-(45-PS-)Motor angetrieben, der sich mit verbleitem bzw. unverbleitem Normalbenzin begnügte. Die optischen Merkmale des neuen *VW Polo Coupé Fox* waren mit denen des *Polo Fox Steilhecks* identisch.
Auch der *VW Polo Stufenheck* war als Grundmodell und als *CL-Version* erhältlich und konnte wahlweise mit dem 33-kW-(45-PS-) und dem 40-kW-(55-PS-)Motor erworben werden. Beide Motoren waren abgasgereinigt und erfüllten dann die Grenzwerte der Euro-Norm.
Das anspruchsvoller ausgestattete *CL-Stufenheck-Modell* gab es dagegen nur mit dem 40-kW-(55-PS-) Motor, mit oder ohne ungeregelten Katalysator.
Zur umfangreichen Serienausstattung des *VW Polo Stufenheck* gehörten unter anderem der schwarz abgesetzte, integrierte Frontspoiler, die schwarzen Kotflügel- und Schwellerverbreiterungen sowie die Breitreifen 165/65 SR 13 auf 5,5-Zoll-Rädern.

1988: Modellpflege

VW Passat

Die Dreigliederung des *Passat-Programms* in *Grundmodell, CL-* und *GL-Ausführung* wurde auch im *Jahre 1988* beibehalten. Auch die drei Varianten *Schrägheck, Stufenheck* und *Variant* waren weiterhin im Programm. An Motoren standen die Benziner-Versionen 55-kW-Vierzylinder (75 PS), 66-kW-Vierzylinder (90 PS) sowie ein 40-kW-(54-PS-)Saugdiesel und der Turbo-Diesel mit 51 kW (70 PS) zur Verfügung. Die *GL-Version* aller *Passat-Modelle* konnte man außerdem mit einem 2,0-Liter-Fünfzylinder-Einspritzmotor mit 85 kW (115 PS) erhalten.

Für umweltbewusste Fahrer gab es außerdem einen 1,3-l-53-kW-(72-PS-)Motor und einen 1,8-l-64-kW-(87-PS-)Motor, beide mit ungeregeltem Katalysator nach Euro-Norm. Außerdem konnte der Kunde den 51-kW-(70-PS-)Motor mit elektronisch geregeltem Vergaser und den 66-kW-(90-PS-)Einspritzmotor, beide mit Abgasreinigung durch Katalysator und Lambda-Technik (gemäß US-Norm) sowie einen 2,0-l-85-kW-(115-PS-)Einspritzer, ebenfalls mit Abgasreinigung gemäß US-Norm bestellen.

Neu waren lediglich zwei Motoren, mit den folgenden technische Parametern:

Motor	**1,8 Liter**	**1,6 Liter**
Bauart	4-Zylinder-Reihenmotor, wassergekühlt	
Hubraum (cm^3)	1781	595
Bohrung (mm)	81,0	
Hub (mm)	86,4	77,4
Leistung (kW/PS)	64/87	53/72
Kompression	10,0:1	9,0:1
Drehzahl (1/min)	5000	5200
Drehmoment (Nm 1/min)	120 bei 2700	118 bei 2700
Anordnung der Ventile	hängend, OHC, Antrieb durch Zahnriemen	
Gemischaufbereitung	Fallstrom-Registervergaser, vollautomat. Startvorrichtung, Schubabschaltung	elektronisch geregelter Registervergaser
Abgas-Reinigung	Katalysator	
Fahrleistungen und Verbrauch		
Höchstgeschwindigkeit (km/h)	158–162	158–160
Beschleunigung 0–100 (sec)	14,1	14,6
Verbrauch (l/100 km)	6,6–9,9	6,2–10,1

Zusätzlich zu den Fronttrieblern gab es weiterhin den *Passat Variant syncro* und als *Variant GT syncro* mit permanentem Allradantrieb.
Bei der Ausstattung gab es beim *Passat* keine erwähnenswerten Veränderungen gegenüber dem Vorjahresmodell, sieht man einmal von einer neuen Radiogeneration mit Sendersuchlauf und Sendercodierung ab. Außerdem verfügten die Radios über die geschwindigkeitsabhängige Lautstärkeanpassung GALA.

VW Golf

Die optisch auffälligste Verbesserung beim *Golf* des Baujahrs *1988* war der neue Kühlergrill. Er hatte jetzt nur noch fünf, aber dafür markantere Rippen. Das VW-Markenemblem in der Mitte des Kühlergrills war vergrößert worden.
Auch die Kennzeichnung am Wagenheck wurde im Sinne einer wirksameren Marken-Identität neu gestaltet. In der Mitte des Wagenhecks war jetzt das typische runde VW-Emblem platziert. Dafür entfiel der Volkswagen-Schriftzug links. Die Modellbezeichnung rechts stand in einer neuen, dynamischen Schrifttype.

Der bisher relativ weit hinten platzierte Außenspiegel wurde nach vorn verlegt, und der Fenstersteg an den vorderen Türen entfiel. Der Vorteil: einfacherer Rückblick und damit verbunden mehr Sicherheit.
Bei der Außen- und Innenausstattung gab es eine ganze Reihe von Verbesserungen, die den Komfort, die Wertanmutung und Funktionalität des *Golf* noch weiter steigerten.
Bereits das *Grundmodell* hatte jetzt breitere Seitenschutzleisten, die die Karosserie beim Einparken vor Lackschäden bewahrten. Für alle Modelle gab es neue Lenkräder, die ergonomisch noch besser gestaltet waren und markanter aussahen. Selbst beim Grundmodell gab es jetzt Mittelausströmer in der Armaturentafel zur Verbesserung der Heiz- und Frischluftverteilung im Innenraum. Weitere Verbesserungen waren die größeren Ablagekästen in den Türen ab *CL-Modell* und die noch griffgünstigeren Lenkstockschalthebel. Außerdem gab es zwei neue Farben für die Außenlackierung und – bei den *GT-* und *GTI-Ausführungen* – neue Stoffe für die Innenausstattung. Modellpflege im Detail wurde auch an der Einführung neuer zweistrahliger Scheibenwaschdüsen für die Windschutzscheibe sichtbar.

Das Golf Cabrio war durch Anbauteile optisch aufgewertet worden und war in seiner Formgebung nach wie vor aktuell.

Schon das Grundmodell des *Golf* bot alles, was von einem komplett und funktionsgerecht ausgestattetem Automobil erwartet wurde. Die umfangreiche Liste der Ausstattungsmerkmale reichte von den stoffbezogenen Tür- und Seitenverkleidungen über die Heckscheiben-Wisch-Waschanlage mit Intervallschaltung bis zur Nebelschlussleuchte.

Die *CL-Ausstattung* bot mehr Komfort und farbliche Auswahlmöglichkeiten. Zur Serienausstattung gehörten hier die hochwertige Stoffqualität im Innenraum, neue vergrößerte Ablagekästen in den vorderen Türen, ein von innen einstellbarer Fahrer-Außenspiegel, die Mittelkonsole und eine »sportliche« Schalthebelstulpe aus Kunstleder.

Das *GL-Modell* hatte neben einer hochwertig-eleganten Stoffqualität für Sitzbezüge und Türverkleidungen bemerkenswerte zusätzliche Ausstattungsdetails, die unter anderem zwei elektrisch einstell- und beheizbare Außenspiegel, die Zentralverriegelung für die Türen, Gepäckraum und Tanklappe sowie die geteilt umklappbare Rücksitzbank und -lehne einschlossen.

Nach wie vor gab es die sportlichen Modelle *Golf GTI* und *Golf GTI 16V*, die das *Golf-Modellprogramm* nach oben abrundeten. Optische Merkmale des *Golf GTI 16V* waren die typischen Sport- und Komfortdetails des *GTI* wie Doppelscheinwerfer-Grill, Kotflügelverbreiterungen, Heckspoiler, Doppelendrohr-Auspuffanlage, Multifunktionsanzeige, Drehzahlmesser und Sportsitze.

Der *Golf GT* und der *Golf GTD* waren weitere sportliche Vertreter der *Golf-Modellreihe*. Unter der Haube des *Golf GT* arbeitete der bewährte 1,8-l-Motor mit 66 kW (90 PS), der diesem Modell in Verbindung mit dem serienmäßigen, sportlich ausgelegten Fünfgang-Schaltgetriebe zu respektablen Fahrleistungen verhalf: Beschleunigung 0–100 km/h in 10,6 Sekunden, Höchstgeschwindigkeit 178 km/h.

Als schadstoffarme Motoren standen der Vergasermotor mit 62 kW (84 PS) mit Abgasreinigung nach Euro-Norm sowie der 66-kW-(90-PS-)Einspritzmotor mit geregeltem Katalysator nach US-Norm zur Verfügung.

Die Leistungsdaten waren:

Motor	**1,8 Liter**	**1,8 Liter**
Bauart	4-Zylinder-Reihenmotor, wassergekühlt	
Hubraum (cm^3)	1781	
Bohrung (mm)	81,0	
Hub (mm)	86,4	
Leistung (kW/PS)	62/84	66/90
Kompression	10,0 : 1	9,0 : 1
Drehzahl (1/min)	5000	5250
Drehmoment (Nm 1/min)	141 bei 3000	137 bei 3000
Anordnung der Ventile	hängend, OHC, Antrieb durch Zahnriemen	
Gemischaufbereitung	Registervergaser, vollautomatische Startvorrichtung	mechanische Einspritzanlage
Abgasreinigung	Katalysator	Katalysator mit Lambda-Regelung

Außerdem gab es noch die abgasgereinigten Motoren mit 40 kW (55 PS) aus 1272 cm^3 Hubraum, mit 53 kW (72 PS) aus 1595 cm^3 Hubraum, mit 51 kW (70 PS) aus 1595 cm^3 Hubraum, mit 79 kW (107 PS) aus 1781 cm^3 Hubraum und 95 kW (129 PS) aus 1781 cm^3 Hubraum, die bereits aus den Vorjahren bekannt waren.

Das *Golf Cabrio* des *Jahrgangs 1988* präsentierte sich sichtbar neu und aufgewertet. Es wirkte noch kraftvoller und dynamischer. Die neue Linie wurde vor allem geprägt durch den in Wagenfarbe lackierten Rundum-Anbausatz mit in die Karosserie einbezogenen, ummantelten Stoßfängern, integriertem Spoiler vorn, integrierter Heckschürze, Kotflügelverbreiterungen und verbreiterten Schwellern. Neu gestaltet war der Doppelscheinwerfer-Grill mit Halogen-Haupt- und Fernlichtscheinwerfern.

Auch im Innenraum gab es eine neue Ausstattung mit dem aktuellen Stoffbezug »Pepita« – wahlweise in drei Farben – und einem neuen Sportlenkrad. Acht zum Teil ganz neue Außenlackierungen und drei aktuelle Verdeckfarben gaben dem Cabrio-Fan viele Möglichkeiten, sich ein Auto nach seinem Geschmack zusammenzustellen.

Ein besonders attraktives Angebot war das *Golf Cabrio Quartett:* Vier Trendfarben, vier Innenausstattungsfarben und vier verschiedene Verdeckfarben konnten in insgesamt 64 Kombinationen bestellt werden.

Die serienmäßige Ausstattung des *Golf Cabrios* umfasste unter anderem die Sportsitze vorn, eine »sportlich« ausgeformte Rücksitzbank, das Vierspeichen-Sportlenkrad sowie eine reichhaltige Instrumentierung einschließlich Drehzahlmesser; beim 82-kW-(112-PS-)Motor zusätzlich noch die Multifunktionsanzeige.

Das *Golf Cabrio Quartett* gab es auch mit einer preisgünstigeren Teil-Lederausstattung, wahlweise in Weiß, Grau, Blau oder Rot.

Neben dem Sondermodell *Quartett* gab es noch weitere: im April den *Golf Manhattan,* im Mai das *Cabrio »Frühlingserwachen«* und im Juni den *10-Millionen-Golf.*

VW Jetta

Beim *Jetta Jahrgang '88* gab es zahlreiche Verbesserungen: den neuen, markanteren Kühlergrill, den weiter vorn platzierten Außenspiegel, den Entfall des vorderen Dreiecksfenster, die breiteren Seitenschutzleisten und die Mittelausströmer in der Armaturentafel schon beim *Grundmodell* sowie die vergrößerten Türablagekästen beim *CL-Modell.* Das *GL-Modell* zeichnete sich durch eine hochwertige, komfortable Ausstattung aus.

Der sportlich orientierte Stufenheck-Fan konnte sich für den *Jetta GTD* mit Turbodiesel-Motor, den *Jetta GT* oder den *Jetta GTX* – auch als *16V* – entscheiden.

Das aktuelle Programm von Motoren mit Abgasreinigung: 40 kW (55 PS) und 62 kW (84 PS) nach Euro-Norm wurde aus den Vorjahren fortgeführt. Die US-Norm erfüllten der ebenfalls bekannte 51-kW-(70-PS-)Motor mit elektronisch geregeltem Vergaser sowie die 40-kW-(55-PS-) bzw. 66-kW-(90-PS-)Einspritzmotoren. Alle drei verfügten über einen Katalysator und Lambda-Regelung.

Das übrige Motorenangebot für das *Grundmodell,* den *Jetta CL* und *GL* umfasste die zwei Normalbenzin-Motoren mit 40 kW (55 PS) bzw. 55 kW (75 PS) sowie einen Superbenzin-Vergasermotor mit 66 kW (90 PS). Dazu kamen noch der 40-kW-(54-PS-)Dieselmotor und der 51-kW-(70-PS-)Turbodiesel.

Für den *Jetta GT* gab es den 66-kW-(90-PS-)Einspritzmotor mit Katalysator und Lambda-Technik (US-Norm) und den schadstoffarmen 62-kW-(84-PS-)Motor sowie den 66-kW-(90-PS-)Vergasermotor.

Neu war in diesem Jahr der *Jetta syncro* mit der bewährten Technik des *Golf syncro.* Der *Jetta syncro* wurde ausschließlich als Viertürer in zwei Ausführungen angeboten: als *Grundmodell* und als *Jetta CL syncro.* Die Ausstattung entsprach – bis auf einige *Jetta-typische* Details – denen der *Golf syncro-Modelle.* Motorisiert war das Fahrzeug mit dem 1,8-Liter-Motor mit 66 kW (90 PS) Leistung, sowohl mit als auch ohne Katalysator. Die Fahrleistungen waren sportlich:

Fahrleistungen und Verbrauch	
Höchstgeschwindigkeit (km/h)	176
Beschleunigung 0–100 (sec)	11,6
Verbrauch (l/100 km)	6,4–9,9

VW Scirocco

Das *Scirocco-Programm '88* bot dem Coupé-Fahrer die Auswahl unter den Modellversionen *GT, GTX* sowie dem *Scirocco GT 16V* und dem *Scirocco GTX 16V.* Die bisherige *GTL-Version* wurde im Zuge einer Programmstraffung nicht mehr angeboten.

Die Innenausstattung der *Scirocco-Modelle* des *Jahrgangs 1988* wurde vollkommen neu gestaltet. Serienmäßig waren nun die Stoffqualitäten »Multicolor-

Kleinkaro« bei *GT* und *GT 16V* sowie »Sport-Karo« bei *GTX* und *GTX 16V.*
Auch für die Außenlackierung standen teilweise ganz neue Farben zur Wahl. Die Ausstattung des Grundmodells *GT* war schon sehr umfangreich. Serienmäßig waren unter anderem der Rundum-Spoilersatz, 185er-Reifen, Vierspeichen-Sportlenkrad, Instrumentierung mit Drehzahlmesser, ein von innen einstellbarer Fahrer-Außenspiegel, großer Heckspoiler und Breitbandscheinwerfer mit zusätzlichen Fernlichtscheinwerfern.
Der *Scirocco GT* war wahlweise mit fünf verschiedenen Motoren zu haben: mit den Vergasermotoren 55 kW (75 PS) und 66 kW (90 PS), dem 82-kW-Einspritzaggregat (112 PS) sowie einem nach Euro-Norm schadstoffarmen 53-kW-(72-PS-)Vergasermotor und dem 70-kW-Triebwerk (95 PS) mit mechanisch geregelter Einspritzanlage, das mit Katalysator und Lambda-Technik die US-Norm erfüllte. Der 95-kW-Motor hatte jetzt ebenfalls Tassenstößel mit hydraulischem Ventilspielausgleich und war damit ebenso wartungsarm wie die anderen Volkswagen-Motoren.
Beim *Scirocco GTX* war zum neuen Modelljahr der Rundum-Spoilersatz in Wagenfarbe lackiert, was die Coupéform noch dynamischer erscheinen ließ. Die serienmäßige Ausstattung des *Scirocco GTX* umfasste Leichtmetallräder, grüne Wärmeschutzverglasung rundum, Öltemperaturanzeige in der Mittelkonsole und höheneinstellbare Sportsitze.
Die Motorisierung des *Scirocco GTX:* 66-kW-(90-PS-) Vergasermotor, 70-kW-(95-PS-)Einspritzmotor mit Katalysator und Lambda-Technik oder 82-kW-(112-PS-) Einspritzmotor, alle serienmäßig mit einem Fünfgang-Schaltgetriebe. Die 16V-Triebwerke standen in zwei Ausführungsversionen zu Wahl: als *Scirocco GT 16V* und als *Scirocco GTX 16V.* Der 16-Ventiler hatte 1,8 Liter Hubraum. Die Version ohne Abgasreinigung leistete unverändert 102 kW (139 PS), mit Abgasreinigung durch Katalysator und Lambda-Technik waren es 95 kW (129 PS).

VW Polo

Mit einer Neustrukturierung des Angebots wurde die Wettbewerbsfähigkeit der *Polo-Familie* weiter gestärkt. Das *Polo Steilheck* und das *Polo Coupé* wurden vereinheitlicht in jeweils vier bzw. drei Ausstattungsvarianten angeboten – als Stadtlieferwagen sowie als *Fox-CL-* und *GT-Modell.* Den *Polo Stufenheck* dagegen gab es nunmehr ausschließlich als *CL.*
Beim *Polo Fox* wurde als Modellpflegemaßnahme vor allem das Farbangebot um Metallic-Lackierungen erweitert. In Verbindung mit dem Radio »beta« erhielt dieses Modell serienmäßig eine feste Gepäckraumabdeckung, die mit Teppich bezogen war. Die beiden Lautsprecher waren dann hinten in die seitlichen Konsolen eingebaut. Die übrigen Ausstattungsumfänge wurden nach den Erkenntnissen der Marktforschung leicht modifiziert.
Der beim *Polo Coupé* bereits erfolgreiche 55-kW-Motor (75 PS) war jetzt auch in der neuen *GT-Version* des *Polo Steilheck* zu haben, ebenso wie der 40-kW-Motor (55 PS).

1989: VW Corrado

Mit dem *Corrado* brachte Volkswagen seinen ersten reinrassigen Sportwagen auf den Markt. Er wurde oberhalb des *Scirocco* angesiedelt und sollte diesen nicht ersetzen.

Der Name *Corrado* war vom spanischen Verb *correr* = *laufen, rennen, spurten* abgeleitet und war Synonym für die Dynamik des Sportwagens. In seinem äußeren Erscheinungsbild fiel diese Dynamik sogleich ins Auge. Der *Corrado* wirkte kompakt und kraftvoll. Seine markante Front wurde von vier großen Leuchteneinheiten und dem Kühlergrill geprägt. Spoiler und Stoßfänger bildeten eine Einheit. Sie bestanden aus einem stoßabsorbierenden Unterbau und einer Kunststoffschale, die in Wagenfarbe lackiert war. Im vorderen Spoiler befanden sich Lufteinlässe zur Kühlung der Scheibenbremsen, des Motors und für den Ladeluftkühler.

Im Profil bot der *Corrado* das Bild eines modernen Sportwagens mit langem Vorderwagen, einer weit vorn angesetzten Windschutzscheibe und kurzem Heck. Die Seitenlinie schwang vom flachen Kühlergrill wie eine Welle zum integrierten Heckspoiler. Bei Tempo 120 fuhr dieser automatisch um 50 Millimeter aus und verringerte den Auftrieb an der Hinterachse um bis zu 64 Prozent. Zur Reinigung konnte der Fahrer den Heckspoiler auch im Stand per Knopfdruck ausfahren.

Die zwei Türen waren breit und hatten einen großen Öffnungswinkel. Mit 1410 Millimetern Ellbogenfreiheit vorn und einem Komfortmaß von 1830 Millimetern fand man unter den Sportwagen kaum Vergleichbares. Trotz seiner kompakten Außenmaße bot der *Corrado* in den beiden ausgeformten hinteren Sitzen bei 1330 Millimetern Ellbogen- und 890 Millimetern Kopffreiheit auch Erwachsenen ausreichend Platz. Zur optimalen Sicherheit von Fahrer und Beifahrer ließen sich die Automatik-Sicherheitsgurte in der Höhe auf jede Körpergröße einstellen. Der Fahrer konnte sich zudem mit der Höheneinstellung seines Sitzes die perfekte Fahrposition schaffen. Beide Außenspiegel justierte er elektrisch.

Das Warndreieck fand seinen Platz in der geteilten Rückenlehne – der Verbandskasten seinen in der hinteren Mittelarmlehne.

Der Corrado war ein neuer Sportwagen von Volkswagen, der dank seines G60-Motors an neue Leistungsgrenzen stieß.

Das Heck des Corrado war mit seinem automatisch ausfahrenden Spoiler besonders dynamisch.

Bei der Gestaltung der Armaturentafel wurde auf Modisches verzichtet. Im Cockpit-Stil zum Fahrer gewölbt, zeigten drei große Rundinstrumente mit weißen Ziffern und Zeigern auf schwarzem Grund Geschwindigkeit und Drehzahl sowie – kombiniert – Kühlwassertemperatur und Kraftstoffvorrat an. Im Instrument ganz links befand sich auch das Display der Multifunktionsanzeige. Das serienmäßige Stereo-Cassettenradio »gamma« verfügte über eine Diebstahlsicherung und eine geschwindigkeitsabhängige Lautstärkenregelung.

Basis für den *Corrado-G-60-Motor* war der bewährte 1,8-Liter/79-kW-(107-PS-)*GTI-Motor* mit geregeltem Katalysator. Die mechanische Aufladung mittels G-Lader verlieh diesem Triebwerk eine Leistung von 118 kW (160 PS). Die technischen Parameter des *Corrado* waren:

Motor	1,8 Liter G 60
Bauart	4-Zylinder-Reihenmotor, wassergekühlt
Hubraum (cm^3)	1781
Bohrung (mm)	81,0
Hub (mm)	86,4
Leistung (kW/PS)	118/160
Kompression	8,0:1
Drehzahl (1/min)	5600
Drehmoment (Nm 1/min)	225 bei 4000
Anordnung der Ventile	hängend, OHC, Antrieb durch Zahnriemen
Gemischaufbereitung	vollelektronisches Zünd- und Einspritzsystem Digifant, G-Lader, Ladeluftkühlung
Abgasreinigung	Katalysator mit Lambda-Regelung

Zusatzaggregate und Technik	
Lichtmaschine (W)	65/230
Batterie (V/Ah)	45
Antrieb	Frontantrieb, Motor-Getriebe-Block quer vor der Vorderachse
Getriebe	5 V, 1 R
Vorderradaufhängung	Federbeine, untere Dreiecksquerlenker, Stabilisator, spurstabilisierender Lenkrollradius
Hinterradaufhängung	Verbundlenker-Hinterachse mit spurkorrigierenden Lagern und Federdämpfern, Stabilisator
Lenkung	Zahnstange
Bremse	Zweikreis-Hydraulik, Scheiben vorn (innenbelüftet) und hinten, elektronisches ABS, lastabhängiger Bremskraftregler
Räder	Scheibenräder 6 J × 15
Abmessungen und Gewichte	
Reifengröße	185/55 R 15V
Radstand (mm)	2470
Spur, vorn/hinten (mm)	1435/1428
Länge (mm)	4048
Breite (mm)	1674
Höhe (mm)	1318
Leergewicht (kg)	1115
Höchstgeschwindigkeit (km/h)	225
Beschleunigung 0–100 (sec)	8,3
Tankinhalt (l)	55
Verbrauch (l/100 km)	6,0–11,8 (zyklusabhängig)

Die beim *Corrado* eingesetzte Motor-Zentral-Elektronik Digifant umfasste eine elektronische Multipoint-Einspritzung, eine elektronische Kennfeldzündung und eine Ladedrucksteuerung.

Der G-Lader wurde direkt mit einem Keilriemen vom Motor angetrieben. Sein Verdränger war in einem Speziallager, von den VW-Technikern »Wackelauge« genannt, durch den Exzenter der Nebenwelle geführt, die über einen Zahnriemen synchron zur Antriebswelle bewegt wurde. Exzenter von Antriebs- und Nebenwelle, Verdränger und Zahnriemen bildeten einen Parallelkurbeltrieb.

Bei der Verdrängung im G-Lader erwärmte sich die Luft. Auf dem Weg zum Einlass-System musste sie daher zuerst einen Ladeluftkühler passieren. Dort wurde sie zur Steigerung der Dichte um 50 Grad Celsius abgekühlt. Dadurch wurde der Motor leistungsfähiger, gleichzeitig verminderte sich seine Klopfempfindlichkeit.

Das sportlich abgestimmte Getriebe des *Corrado* war eine Anleihe aus dem neuen *Passat,* allerdings abgestimmt auf das enorme Drehmoment des *Corrado*. Auch das Fahrwerk wurde, mit entsprechenden Modifikationen, von einem bereits existierenden Volkswagen-Modell, dem *Golf GTI,* übernommen. Zur Fahrsicherheit trugen der lange Radstand, die breite Spur und die 15-Zoll-Räder – serienmäßig aus Leichtmetall – mit Reifen der Dimension 185/55 R 15 V bei. Zur Erhöhung der Standfestigkeit waren die vorderen Bremsscheiben innenbelüftet. Der *Corrado* verfügte serienmäßig über ABS.

1989: Modellpflege

VW Passat

Im Jahre *1989* brachte Volkswagen die dritte Generation des *VW Passat* auf den Markt, der sich nicht nur optisch von seinem Vorgänger grundlegend unterschied, sondern auch durch seine Technik.
Es gab den neuen *Passat* jetzt nur noch als *Stufenheck-Limousine* und als *Variant.*
Durch die vorn jetzt quer eingebaute Motor-Getriebe-Einheit und den langen Radstand wurde im neuen *Passat* ein Innenraum geschaffen, dessen Komfortmaß von genau 2001 Millimetern gegenüber dem Vorgängermodell um fast 100 Millimeter gewachsen war. Beispielhaft war auch die auf 2,88 m² gewachsene Sitzraumfläche, die für den Komfort im Innenraum ganz entscheidend war.
Von einer Stufenheck-Limousine erwartete der Käufer außer hohem Reisekomfort einen variablen, vielseitig nutzbaren Innen- und Gepäckraum. Hier bot der neue *Passat* einen sichtbaren Fortschritt.
Schon bei der ersten Ausstattungsstufe der Limousine, dem *CL-Modell,* konnten Rücksitzbank und -lehne umgeklappt werden. Beim *GL-* und *GT-Modell* waren Rücksitzbank und -lehne im Verhältnis ein Drittel zu zwei Drittel geteilt. Die Lehne war umlegbar. Dadurch konnte das mit 495 Litern ohnehin schon reichliche, gegenüber dem Vorgängermodell um 50 Liter vergrößerte Gepäckraumvolumen auf bis zu 870 Liter erweitert werden.
Der großvolumige Gepäckraum bot ein aufgeräumtes Bild. Seitliche Fächer in der Formverkleidung gaben die Möglichkeit, das Warndreieck, den Verbandskasten und weitere Kleinteile sicher zu verstauen. Auch im Fahrzeuginnenraum gab es viele großzügige Ablagen für die Dinge, die man nicht lose liegen lassen wollte. Der neue *Passat Variant* bot mit seinem Gepäckraum von 465 Litern bis zur Oberkante der Rücksitzbank schon reichlich Platz. Bei umgeklappter Rücksitzbank und -lehne und dachhoher Beladung erhöhte sich das Volumen auf 1500 Liter. Durch das höher gezogene Dach des *Variants* und das gegenüber dem Vorgängermodell steiler stehende Rückfenster konnten sperrige Güter noch besser verstaut werden. Durch die bis auf die Stoßfänger heruntergezogene Ladekante, die große Durchladebreite und die weit nach oben öffnende Gepäck- bzw. Laderaumklappe fiel das Beladen leicht. Die auf 525 Kilogramm erhöhte Zuladung ermöglichte eine volle Nutzung des Gepäck- und Laderaums.
Bereits die erste Ausstattungsstufe bot eine tech-

Den Passat der dritten Generation gab es ausschließlich als Stufenheck-Limousine und als Variant.

Der Passat der dritten Generation als Stufenheck-Limousine.

Der neue Passat Variant.

nisch komplette, hochwertige Ausstattung. Serienmäßig waren: die grüne Wärmeschutzverglasung, die seitlichen, breiten Rammschutzleisten, Halogen-Breitbandscheinwerfer, zwei Rückfahrscheinwerfer und eine Nebelschlussleuchte. Der Außenspiegel – beim Variant auch auf der Beifahrerseite – war von innen verstellbar.

Im Innenraum hatte bereits das *CL-Modell* eine bis in den Fondraum reichende Mittelkonsole, ein vierstufiges Gebläse, Zigarettenanzünder und Aschenbecher vorn und hinten, klappbare Dachhaltegriffe, Türablagekästen vorn, höheneinstellbare Umlenkpunkte der vorderen Sicherheitsgurte sowie den voll ausgekleideten und beleuchteten Gepäckraum. Die Rücksitze konnten einzeln um 80 Millimeter in Längsrichtung verschoben und die Rücksitzlehnen um 50 Millimeter verstellt werden.

Das *GL-Modell* war äußerlich an den partiell in Wagenfarbe lackierten Stoßfängern, den weißen Streuscheiben der vorderen Blinkleuchten sowie – beim *Variant* – an der schwarzen Dachreling zu erkennen. Innen bot das *GL-Modell* hochwertige Velourspolster, Zentralverriegelung mit »Safe-System« für Türen, Gepäckraum und Tankklappe, zusätzliche Ablagen vorn, Ablageflächen auch an den hinteren Türen, einen höheneinstellbaren Fahrersitz, ein Vierspeichenlenkrad, Kopfstützen auch hinten, einstellbare Leseleuchten sowie eine zu einem Drittel/zwei Dritteln geteilte Rücksitzbank.

Mit ausgesprochen sportlicher Ausstattung präsentierte sich das *GT-Modell*. Serienmäßig waren hier die Leichtmetallräder der Größe 6 J × 14. Die Karosserie war seitlich großflächig mit stoßabsorbierenden Kunststoffflächen beplankt. Serienmäßig waren auch die Sportsitze vorn mit Höheneinstellung für den Fahrersitz, ein Vierspeichenlenkrad, sowie ein Drehzahlmesser. Ab dem 79-kW-(107-PS-)Motor gab es serienmäßig auch eine Multifunktionsanzeige mit sieben verschiedenen Abfragemöglichkeiten.

Beim neuen *Passat* war, wie bei allen Volkswagen-Modellen seit *Herbst 1987*, die Abgasreinigung durch Katalysatoren für alle Ottomotoren serienmäßig. Im Einzelnen hatten die Fahrzeuge folgende technische Parameter:

Motor	1,6 Liter Euro-Norm	1,6 Liter US-Norm	1,8 Liter	1,8 Liter	2,0 Liter	1,6 Liter Diesel
Bauart	4-Zylinder-Reihenmotor, wassergekühlt				5-Zylinder-Reihenmotor, wassergekühlt	4-Zylinder-Reihenmotor, wassergekühlt
Hubraum (cm³)	1595		1781		1984	1588
Bohrung (mm)	81,0				82,5	76,5
Hub (mm)	77,4		86,4		92,8	86,4
Leistung (kW/PS)	53/72		66/90	79/107	100/136	59/80

Motor	**1,6 Liter Euro-Norm**	**1,6 Liter US-Norm**	**1,8 Liter**	**1,8 Liter**	**2,0 Liter**	**1,6 Liter Diesel**
Kompression	9,0 : 1			10,0 : 1	10,8 : 1	23,0 : 1
Drehzahl (1/min)	5200		5250	5400	5800	4500
Drehmoment (Nm 1/min)	120 bei 2700	125 bei 2750	142 bei 3000	154 bei 3800	180 bei 4400	155 bei 2500–3000
Ventilanordnung	hängend, OHC, Antrieb durch Zahnriemen					
Gemischaufbereitung	Fallstrom Register Vergaser	Mono-Jetronic		Digifant	K-Motronic	Turbo-Diesel mit Ladeluftkühlung
Zusatzaggregate und Technik						
Lichtmaschine (W)	65/220					
Batterie (V/Ah)	45					
Antrieb	Frontantrieb, Motor-/Getriebe-Block quer vor der Vorderachse					
Getriebe	5 V, 1 R; M-Ausstattung Automatik-Getriebe					
Vorderradaufhängung	Federbeine, untere Dreiecksquerlenker, Stabilisator, spurstabilisierender Lenkrollradius					
Hinterradaufhängung	Verbundlenker-Hinterachse mit spurkorrigierenden Lagern und Federdämpfern, Stabilisator ab 66 kW					
Lenkung	Zahnstange					
Bremse	Zweikreis-Diagonal, Scheiben vorn, Trommeln hinten, ab 79 kW auch hinten Scheiben, vorn innenbelüftet, Bremskraftverstärker, Bremskraftregler					
Räder	5,5 J × 14 (6 J × 14 GL)					
Abmessungen und Gewichte						
Reifengröße	165/70R 14S oder 185/65PR 14 T (GL)					
Radstand (mm)	2623					
Spur vorn/hinten (mm)	1479/1422					
Länge (mm)	4573					
Breite (mm)	1704					
Höhe (mm)	1428					
Leergewicht (kg)	1100	1125	1150		1185	1170
Höchstgeschwindigkeit (km/h)	169		177	190	206	171
Beschleunigung 0–100 (sec)	16,1		13,8	11,7	9,9	15,6
Verbrauch (l/100 km)	5,6–10,5	5,4–10,2	6,1–10,7	5,7–10,3	6,2–12,2	4,4–6,8
Tankinhalt (l)	70					

Das Fahrwerk des neuen *Passat* war noch einmal gründlich überarbeitet worden. Vor allem die Federung und die Dämpfung wurden neu aufeinander abgestimmt. Die Umstellung auf 14-Zoll-Räder, der verlängerte Radstand und die verbreiterte Spur brachten gegenüber dem bereits hohen Niveau des Vorgängermodells noch einmal deutliche Verbesserungen in Straßenlage und Komfort.

Der Innenraum des Passat GT wirkte ausgemacht sportlich und war auf einen hohen Nutzwert ausgelegt. Er bot nicht nur fünf Personen bequem Platz, sondern konnte auch durch seine geteilt umklappbare Rücksitzbank für den Transport größerer Gegenstände genutzt werden.

Deutlich erfahrbarer Fortschritt auch bei der Hinterachse. Der neue *Passat* hatte eine verstärkte Verbundlenker-Hinterachse mit spurkorrigierenden Lagern, wie sie bereits im Vorgängermodell eingesetzt wurden.
Den durch die gute Aerodynamik gesteigerten Fahrleistungen entsprach eine reichlich dimensionierte Bremsanlage. Bei allen Motoren waren ein Bremskraftverstärker und ein lastabhängiger Bremskraftregler serienmäßig. Ab 79 kW (107 PS) gab es auch hinten Scheibenbremsen und die Bremsscheiben vorn waren innenbelüftet. Als Mehrausstattung war ein ABS bestellbar.

VW Golf

Die Modellpflegemaßnahmen für den *Golf* hielten sich *1989* in engen Grenzen und beschränkten sich auf unmaßgebliche Details.
Für die Motorisierung des *Golf* standen die bekannten Motoren zur Wahl. Der *Golf CL* und der *Golf GL* waren jeweils mit sechs verschiedenen Ottomotoren mit Abgasreinigungssystemen nach Euro- bzw. US-Norm kombinierbar. Das Leistungsangebot reichte von 40 kW (55 PS) bis 66 kW (90 PS). Außerdem standen für diese Modelle auch noch die beiden Dieselmotoren zur Verfügung.
Die sportlichen Versionen wurden nach wie vor mit den bewährten Aggregaten von 79 kW (107 PS) bis 95 kW (129 PS) ausgestattet. Spitzenmodell der *Golf-Palette* war nach wie vor der *Golf GTI 16V*, dessen Motor ein echter Leckerbissen war.
Beim *Golf Cabrio* erhielt das meistverkaufte Modell mit dem 1,8-Liter-70-kW-(95-PS-)Motor eine Multifunktionsanzeige zur Abfrage von Uhrzeit, Fahrzeit, Fahrstrecke, Durchschnittsgeschwindigkeit, durch-

Das Golf Cabrio basierte immer noch auf dem Golf I und erfreute sich trotz der alten Karosserieform großer Beliebtheit, weil die Technik immer aktualisiert worden war.

schnittlichem Verbrauch, Motoröltemperatur und Außentemperatur.
Im Innenraum gab es eine Ausstattung mit dem Stoffbezug »Pepita« – wahlweise in drei Farben – und ein griffiges Sportlenkrad.
Wie selbstverständlich gab es auch in diesem Jahr wieder Sondermodelle vom *Golf*, allerdings nur zwei: den *Golf Boston* im März und den *Golf GTI Edition One* im Mai.

VW Jetta

Die *Jetta-Angebotspalette* wurde durch eine Straffung von fünf auf drei Ausstattungsstufen übersichtlicher. Die *Jetta-Grundversion* wurde aus dem Programm genommen, gleichzeitig wurden *GT-* und *GTX-Ausführungen* zu einer *GT-Version* zusammengefasst. Der serienmäßige Lieferumfang, der nunmehr drei Ausstattungen *CL*, *GL* und *GT* umfasste, war in einigen Details geändert worden.
Der *Jetta CL* wurde im neuen Modelljahr unter anderem mit neuen hochwertigen Stoffen für Sitze, Tür- und Seitenverkleidungen ausgestattet.
Den *Jetta GL* gab es jetzt ausschließlich als Viertürer und mit Motorisierungen ab 1,6 Litern Hubraum. Neben dem Vierspeichen-Sportlenkrad und der Servolenkung gehörten unter anderem die Zentralverriegelung und eine neue hochwertige Veloursinnenausstattung zum Lieferumfang. Die Durchladeeinrichtung war nicht mehr Bestandteil der *GL-Ausstattung*. Gleichzeitig wurden die elektrisch verstellbaren Außenspiegel durch von innen manuell einzustellende Spiegel ersetzt.
Alle bisherigen *GT-*, *GTD-* und *GTX-Modelle* – einschließlich der 16V-Versionen – waren im *'89er-Modelljahr* einheitlich zu einer sportlich betonten *GT-Ausführung* zusammengefasst und wurden jetzt ausschließlich als Viertürer angeboten. Einige Details der Ausstattung: neue Innenausstattung in Velours mit Sportsitzen, höheneinstellbarer Fahrersitz und Stahlfelgen 6 J × 14 mit Reifen der Dimension 185/60 R 14 H.
Das Motorenprogramm des *Jetta CL* umfasste den 40-kW-(55-PS-)Motor, den 53-kW-(72-PS-)Motor und den 62-kW-(84-PS-)Motor, alle drei mit ungeregeltem Katalysator nach Euro-Norm. Die US-Norm erfüllten der 51-kW-(70-PS-)Motor mit elektronisch geregeltem Vergaser und die 40-kW-(55-PS-) bzw. 66-kW-(90-PS-) Einspritzmotoren. Alle diese Motoren waren keine Unbekannten mehr. Sie waren bereits im Vorjahr im *Jetta* eingebaut worden. Bis auf den kleinen 1,3-Liter-Motor mit 40 kW (55 PS) waren die vorgenannten Aggregate auch für den *Jetta GL* lieferbar.
Höhere Ansprüche erfüllte der *Jetta GT* mit dem Euro-Norm-Triebwerk mit 1,8 Litern 62 kW (84 PS) bzw. mit den lambdageregelten Motoren mit 66 kW (90 PS) und 79 kW (107 PS).
Sportliche »Topklasse« war der *Jetta GT 16V*. Er war mit dem bewährten 16-Ventil-Triebwerk mit 95 kW (129 PS) mit Katalysator und Lambda-Technik ausgerüstet. Der *Jetta GT 16V* wurde ausschließlich als Viertürer angeboten und war unter anderem an den leuchtendroten 16V-Emblemen, der Luftführung im Frontspoiler zur Kühlung der Scheibenbremsen und der elektronisch verstärkenden Dachantenne im Heckbereich zu erkennen.
Auch der *Jetta syncro* wurde nur noch als Viertürer in zwei Ausstattungsversionen angeboten: als *Jetta CL syncro* und als *Jetta GT syncro*, deren serienmäßige Ausstattung im Wesentlichen der der Frontantriebsmodelle entsprach. Darüber hinaus hatten beide Modelle seitliche Blinkleuchten sowie Drehzahlmesser und Digitaluhr.
Der *Jetta GT syncro* verfügte serienmäßig über das von Volkswagen und ATE gemeinsam entwickelte elektronische ABS. Ebenso serienmäßig war die umlegbare Rücksitzbank und -lehne, die beim *GT* zudem geteilt war.
Der *Jetta syncro* mit dem neuen 1,8-Liter-66-kW (90-PS-)Motor mit Digifant-Einspritzanlage erfüllte die US-Norm durch Abgasreinigung mit Katalysator und Lambda-Regelung. Der Kraftstoffverbrauch wurde durch den Allrad-Antrieb und das durch diese Technik verursachte Mehrgewicht nicht nennenswert beeinflusst. Gegenüber dem bisherigen, leistungsgleichen Motor konnte der Kraftstoffverbrauch noch einmal wesentlich reduziert werden. Der *Jetta syncro* verbrauchte bei konstant 90 km/h nur 6,6 Liter, bei konstant 120 km/h 8,7 Liter und im Stadtzyklus 11,6 Liter bleifreies Normalbenzin auf 100 Kilometern.

VW Scirocco

Im *Modelljahr 1989* bot das Modellprogramm für die Kundschaft des *Scirocco* die folgenden Alternativen: *GT*, *GTX* sowie den *Scirocco GT 16V* und den *Scirocco*

GTX 16V. An den Ausstattungen hatte sich nur wenig gegenüber dem Vorjahresmodell geändert, bei der Motorisierung waren allerdings die nicht abgasgereinigten Motoren entfallen. Es gab jetzt lediglich die folgenden Aggregate: 1,6 Liter mit 53 kW (72 PS), 1,8 Liter mit 70 kW (95 PS) und 1,8 Liter 95 kW (129 PS).

VW Polo

Der *Polo GT* hatte als markante äußere Merkmale serienmäßig Leichtmetallräder und einen Doppelscheinwerfer-Grill mit Halogen-Fernscheinwerfern. Im Innenraum zeichnete er sich durch ein Sportlenkrad, eine Mittelkonsole und stoffbezogene Kopfstützen aus, die in Höhe und Neigung verstellbar waren. Der Außenspiegel auf der Fahrerseite war von innen einstellbar, und der Instrumentensatz enthielt einen Drehzahlmesser.

Das *Polo Coupé* fiel in allen Versionen durch Kotflügel- und Schwellerverbreiterungen, einen Frontspoiler sowie den Heckspoiler an der oberen Kante der großen Heckklappe auf.

Bei der Motorisierung standen zwei Ottomotoren mit ungeregeltem Katalysator, ein Motor mit Abgasreinigung nach US-Norm und ein neuer Dieselmotor mit folgenden Parametern zur Verfügung:

Motor	**1,3 Liter Diesel**
Bauart	4-Zylinder-Reihenmotor, wassergekühlt
Hubraum (cm^3)	1272
Bohrung (mm)	75,0
Hub (mm)	72,0
Leistung (kW/PS)	33/45
Kompression	22,0:1
Drehzahl (1/min)	4900
Drehmoment (Nm 1/min)	75 bei 2500–3500
Gemischaufbereitung	Verteiler-Einspritzpumpe
Fahrleistungen und Verbrauch	
Höchstgeschwindigkeit (km/h)	140
Beschleunigung 0–100 (sec)	21,2
Verbrauch (l/100 km)	6,1–6,4

Bei allen *Polo-Dieselmodellen* war das Fünfgang-Schaltgetriebe Serie.

Der Polo GT war Ende der 1980er-Jahre und zu Beginn der 1990er-Jahre die sportlichste Version dieser Modellreihe.

1990: Modellpflege

VW Passat

Mit seinem überragenden Raumangebot und seinem beispielhaften Fahrkomfort hatte sich der neue *Passat* innerhalb von Wochen eine hervorragende Position in der oberen Mitteklasse erobert. Mit der aufwendigen *GL-Ausstattung* überschritt der neueste Volkswagen bereits die Grenze zur Oberklasse.

Im *Modelljahr 1990* offerierte Volkswagen weitere Ausstattungs-Verbesserungen. Der von innen einstellbare rechte Außenspiegel und die elektrisch betätigte Leuchtweitenregulierung waren bei allen Modellen serienmäßig. Im *1,6-Liter-Passat* (53 kW/ 72 PS) gehörte das Fünfgang-Getriebe jetzt ebenfalls zur Serienausstattung. Scharf kalkulierenden Vielfahrern bot Volkswagen einen völlig neuen 1,9-Liter-Diesel mit 50 kW (68 PS), der in Geräuschentwicklung, Kraft und Sparsamkeit Maßstäbe setzte. Dieser Selbstzünder erfüllte die strengen US-Grenzwerte für Partikelemissionen.

Motor	**1,9 Liter Diesel**
Bauart	4-Zylinder-Reihenmotor, wassergekühlt
Hubraum (cm^3)	1896
Bohrung (mm)	79,5
Hub (mm)	95,5
Leistung (kW/PS)	50/68
Kompression	22,5 : 1
Drehzahl (1/min)	4400
Drehmoment (Nm 1/min)	127 bei 2400
Gemischaufbereitung	Verteiler-Einspritzpumpe, Wirbelkammer

Fahrleistungen und Verbrauch	**Limousine**	**Variant**
Höchstgeschwindigkeit (km/h)	160	153
Beschleunigung 0–100 (sec)	19,0	19,4
Verbrauch (l/100 km)	7,2	7,2

Für Fahrer, die auf Leistungsreserven Wert legten, gab es den größten Volkswagen mit aufgeladenem G-60-Motor und 118 kW (160 PS) in der *GT-Ausstattung*. Den Motor mit mechanisch getriebenem Spirallader, der sich im Sportwagen Corrado bewährt hatte, gab es ausschließlich im *Passat syncro*. Hier verhalf er dem Fahrzeug zu folgenden Fahrleistungen und Verbrauch:

Fahrleistungen und Verbrauch	**Limousine**	**Variant**
Höchstgeschwindigkeit (km/h)	215	210
Beschleunigung 0–100 (sec)	9,6	9,8
Verbrauch (l/100 km)	13,5	13,5

Variant-Fahrer dürften ein Ausstattungsdetail besonders interessant gefunden haben: die Niveau-Regulierungsanlage.

Dieser neue Diesel-Motor mit einer Leistung von 50 kW (68 PS) machte den Passat zu einem echten Reiseauto, das zudem noch extrem sparsam war.

VW Golf

Zum neuen Modelljahr hatte Volkswagen die Ausstattung weiter verbessert, ohne die Preise anzuheben. Basisversion zum Basispreis war jetzt der *Golf CL*, der nun zusätzlich neben der elektrischen Leuchtweiten-Regulierung serienmäßig über zwei von innen einstellbare Außenspiegel verfügte.
Keinen Chromzierrat, stattdessen Zentralverriegelung und Wärmeschutzverglasung bot der komplett ausgestattete *GL*. Im *Modelljahr 1990* erschien er mit neuem Design der Stoßfänger, sie waren in der Wagenfarbe lackiert. *Golf GT* und *Golf GTD* hatten serienmäßig 185er-Breitreifen auf neuen 6-J×14-Stahlrädern.
Das Angebot der Diesel-Baureihe wurde um zwei Motoren erweitert. Zum einen um den Turbo-Diesel-Motor mit Ladeluftkühlung und 59 kW (80 PS), der bisher nur im *Passat* angeboten wurde. Mit diesem Motor erreichte der *Golf* folgende Fahrwerte:

Fahrleistungen und Verbrauch	
Höchstgeschwindigkeit (km/h)	169
Beschleunigung 0–100 (sec)	13,2
Verbrauch (l/100 km)	6,3

Nach erfolgreichem Großversuch bei der Bundespost bot Volkswagen im *Modelljahr 1990* erstmals den Kat-Diesel, einen aufgeladenen Diesel mit Katalysator und 44 kW (60 PS) im *Golf* an. Dieser Motor zeichnete sich durch extrem niedrigen Verbrauch und praktisch rußfreien Lauf sogar bei Vollast aus. Der Oxydations-Katalysator machte mehr als die Hälfte der im Abgas enthaltenen polyzyklischen, aromatischen Kohlenwasserstoffe unschädlich.

Motor	**1,6 Liter Diesel**
Bauart	4-Zylinder-Reihenmotor, wassergekühlt
Hubraum (cm³)	1588
Bohrung (mm)	76,5
Hub (mm)	86,4
Leistung (kW/PS)	44/60
Kompression	23,0 : 1
Drehzahl (1/min)	4500
Drehmoment (Nm 1/min)	110 bei 2400–2600
Gemischaufbereitung	Einspritzpumpe, Abgas-Turbolader
Fahrleistungen und Verbrauch	
Höchstgeschwindigkeit (km/h)	151
Beschleunigung 0–100 (sec)	16,9
Verbrauch (l/100 km)	6,5

Unter den sportlichen Varianten des *Golf* war der neue *Rallye Golf* das Spitzenmodell. Von außen war er auf den ersten Blick an rechteckigen Scheinwerfern und ausgestellten Kotflügeln zu erkennen. Darunter steckte ein Fahrwerk, das ganz auf den Sporteinsatz abgestimmt war. Da im internationalen Rallye-Sport mit Zweiradantrieb kaum noch Siegchancen bestanden, hatte der *Rallye Golf* Vierradantrieb und eine Visco-Kupplung.
Zunächst war eine limitierte Serie von 5000 Exemplaren zur Homologation des *Rallye Golf* als Gruppe-A-Wagen vorgesehen. Das Fahrzeug kam unter der Bezeichnung *Golf GTI G 60* auf den Markt und war das Topmodell der *GTI-Klasse*. Die Fahrleistungen dieses Fahrzeugs, das mit dem 118-kW-(160-PS-)G-60-Motor aus dem *Corrado* ausgerüstet war, waren:

Motor	**1,8 Liter G 60**
Höchstgeschwindigkeit (km/h)	209
Beschleunigung 0–100 (sec)	8,6
Verbrauch (l/100 km)	7,1–13,2 (zyklusbedingt)

Der *Golf GTI G 60* kam serienmäßig auf 15-Zoll-Rädern daher, die nicht nur entsprechend aussahen, sondern auch beim Bremsen halfen. Die großen Bremsscheiben aus dem *Corrado* passten nur in mindestens 15-Zoll-Räder. Dem hohen Sicherheitsniveau trug zudem das serienmäßige ABS/EDS Rechnung.
Das Fahrwerk des *GTI G 60* wurde der hohen Motorleistung angepasst. Gegenüber dem *Basis/GTI* lag der

G 60 vorn um 20 Millimeter und hinten um 10 Millimeter tiefer.
Auf Wunsch war eine elektronische Differenzialsperre lieferbar. Neue Stoßfänger vorn und hinten, teilweise in Wagenfarbe lackiert, Doppelscheinwerfer vorn und – neu – serienmäßig Nebelscheinwerfer in der Spoiler-Frontschürze waren die optischen Kennzeichen.
Optional war ein Edition-Paket lieferbar. Es umfasste neben BBS-Rädern unter anderem Recaro-Sportsitze sowie Leder an Lenkrad und Schaltknauf. Außen glänzte die Edition mit exklusiven Metallic-Lackierungen, chrombedampfter Heck- und Seitenverglasung sowie partiell abgedunkelten Heckleuchten nebst weißen Frontblinkergläsern.
Für noch mehr Bequemlichkeit im *Golf Cabrio* bot Volkswagen jetzt als Sonderausstattung ein elektrohydraulisch bewegtes Verdeck an, das sich auf Knopfdruck öffnete und schloss. Eine weitere Zusatzausstattung waren die elektrisch betätigten Fensterheber.
Ein neues Sondermodell des Golf Cabrios war das »Cabrio Etienne Aigner«, das Volkswagen im *Februar 1990* als exklusives Topmodell präsentierte.
Das Fahrzeug verfügte über den 1,8-Liter-Motor mit 72 kW (98 PS) Leistung, war mit typischen Aigner-Details ausgestattet und in drei Farben erhältlich: Midnightblue perleffekt, Bordeaux perleffekt und Mangrovengrün metallic. Das neue Topmodell hatte eine exklusive Ausstattung: Stoffverdeck, 185/60-R14H-Reifen, farblich abgestimmte, eloxierte Leichtmetall-Schmiederäder der Größe 6 J × 14, Außenspiegel-Gehäuse in der Wagenfarbe, grüne Wärmeschutzverglasung, farblich abgestimmter Folienschriftzug »Etienne Aigner« mit Emblem auf dem Kotflügel vorn rechts und links.
Besonders bestimmt durch das Aigner-Design wurde natürlich die Innenausstattung. Neben serienmäßigen Sportsitzen, die vorn höheneinstellbar waren, hatte das Etienne-Aigner-Cabrio: Stoffsitzbezüge in Jaquard-Flachgewebe, zum Teil mit Leder abgesetzt, Sitzmittelbahnen mit eingewebtem Aigner-Emblem und ein Lederlenkrad. Serienmäßig verfügte es über ein Fünfgang-Schaltgetriebe, alternativ war ein Automatik-Getriebe bestellbar.
Das Werk wollte mit diesem Modell eine weitere, besondere Zielgruppe erreichen: den erfolgreichen, selbstbewussten, sportlich-aktiven, aber etwas reiferen Autofahrer.
Neben dem *Cabrio Etienne Aigner* gab es weitere Sondermodelle, allerdings von der Limousine: den *Golf Madison* im Januar, den *Golf GT/GTD Spezial* im Februar, den *Golf Moda* im Mai, den *Golf Fire & Ice (Design Willy Bogner)* im September und last but not least den *Golf GTI G60 Fire & Ice* im Oktober.

VW Jetta

Alle *Jetta-Modelle* hatten ab *Modelljahr 1990* Stoßfänger im neuen Design, serienmäßig außerdem schwarze Radhaus- und Schwellerverbreiterungen, 6-J×14-Stahlräder mit 185er-Breitreifen, den von innen einstellbaren rechten Außenspiegel und selbstverständlich auch die elektrische Leuchtweitenregulierung.
Das Motorenprogramm umfasste neben den bekannten Triebwerken auch die neuen Diesel: den rußfreien Kat-Diesel und den dank Ladeluft-Kühlung auf 59 kW (80 PS) erstarkten Turbo-Diesel, der bisher ausschließlich im *Passat* angeboten wurde.
Der allradgetriebene *Jetta syncro* mit dem 72-kW-(98-PS-)Motor bot sportliches Fahrvergnügen und sehr gutes Fahrverhalten auch unter ungünstigen Bedingungen. Die Fahrleistungen mit den neuen Motoren waren:

Fahrleistungen und Verbrauch		
Höchstgeschwindigkeit (km/h)	167	178
Beschleunigung 0–100 (sec)	13,7	11,5
Verbrauch (l/100 km)	6,3	11,7

VW Scirocco

Im *Modelljahr 1990* ging das VW-Coupé in zwei Ausstattungsvarianten an den Start: als *Scirocco GT II* und als *Scirocco »Scala«.*
Spoiler, Spiegelgehäuse und Stoßfänger des *GT II* waren in Wagenfarbe lackiert. In der Ausstattung ließ der *GT II* kaum Wünsche offen: Servolenkung, Schiebe-/Ausstelldach, Wärmeschutzverglasung, Lederlenkrad, in der Höhe einstellbare Vordersitze, Heckscheiben-Wisch-/Waschanlage sowie Metallic-Lackierung waren serienmäßig.

Der *Scirocco »Scala«*, als Aktionsmodell konzipiert, wurde wegen der konstanten Nachfrage ins ständige Programm übernommen. Er verfügte über Color-Verglasung und ein besonderes Innendesign.
Beide *Scirocco-Versionen* waren mit dem 70-kW-(95-PS-)Einspritzmotor und geregeltem Katalysator ausgerüstet. Die Fahrleistungen beider Modelle lagen bei:

Fahrleistungen und Verbrauch	
Höchstgeschwindigkeit (km/h)	181/176
Beschleunigung 0–100 (sec)	10,2/12,4
Verbrauch (l/100 km)	11,1/11,2

VW Corrado

Der *Corrado* wurde im neuen Modelljahr verbessert. Er bekam eine Zentralverriegelung und elektrische Fensterheber. Dazu spendierte man diesem Sportwagen ein Lederlenkrad, einen ledernen Schalthebelknauf und eine Schalthebelmanschette aus Leder. Serienmäßig war außerdem die elektrische Leuchtweitenregulierung. Als interessante Sonderausstattung gab es 6,5 Zoll breite BBS-Leichtmetallräder mit Reifen der Größe 195/50.

VW Polo

Wie alle Modelle wurde auch der *Polo* zum Modelljahr *1990* weiter verbessert und reichhaltiger ausgestattet. Es gab ihn nach wie vor in den beiden Karosserieformen Steilheck und Coupé. Zur Serienausstattung gehörten jetzt ein Bremskraftverstärker, der rechte Außenspiegel, Scheibenwischer-Intervallschaltung und Ablagekästen in den Türen. Beim *CL-Modell* kamen Tageskilometerzähler und Uhr dazu, und die *GT-Ausstattung* wurde um den von innen einstellbaren Beifahrer-Außenspiegel ergänzt.
Der *Polo Steilheck* war mit den bewährten Motoren von 33 kW bis 55 kW Leistung ausgerüstet, wobei die 1,3-Liter-Motoren mit 40 bzw. 55 kW mit einem geregelten Katalysator ausgestattet waren. Ihre Leistungsparameter waren:

Motor	40 kW	55 kW
Bauart	4-Zylinder-Reihenmotor, wassergekühlt	
Hubraum (cm³)	1272	
Bohrung (mm)	75,0	
Hub (mm)	72,0	
Leistung (kW/PS)	40/55	55/75
Kompression	8,0 : 1	8,2 : 1
Drehzahl (1/min)	5200	5900
Drehmoment (Nm 1/min)	97 bei 3000	99 bei 3600
Gemischaufbereitung	Einspritzanlage Digifant	
Fahrleistungen und Verbrauch		
Höchstgeschwindigkeit (km/h)	153	170
Beschleunigung 0–100 (sec)	14,8	11,7
Verbrauch (l/100 km)	8,3	8,6

Für das *Polo Coupé* galten die gleichen Ausstattungsverbesserungen wie für das *Steilheck*, also Bremskraftverstärker, rechter Außenspiegel und Türablagen.

1991: Modellpflege

VW Passat

Der *Passat* ging mit ganz neuen Kräften in das *Modelljahr 1991*. Ein Zweiliter-Einspritzer mit 85 kW (115 PS) ersetzte den bisherigen 1,8-Liter-Motor mit 79 kW (107 PS). Der Motor hatte die folgenden Leistungsparameter:

Motor	**2,0 Liter**
Bauart	4-Zylinder-Reihenmotor, wassergekühlt
Hubraum (cm^3)	1984
Bohrung (mm)	82,5
Hub (mm)	92,8
Leistung (kW/PS)	85/115
Kompression	10,0 : 1
Drehzahl (1/min)	5400
Drehmoment (Nm 1/min)	166 bei 3200
Gemischaufbereitung	Digifant
Fahrleistungen und Verbrauch	
Höchstgeschwindigkeit (km/h)	195 (Automatik 192)
Beschleunigung 0–100 (sec)	11,3 (Automatik 12,7)
Verbrauch (l/100 km)	10,9 (Automatik 11,4)

Die Laufruhe des neuen Aggregats war gegenüber dem Vorgänger deutlich verbessert, vor allem aber war das Drehmoment wesentlich höher bei niedrigerer Drehzahl.
Die verbesserten Leistungswerte hatten zur Folge, dass auch die Anhängerlasten um 300 Kilogramm auf 1500 Kilogramm erhöht werden konnten.
Neu war auch das Viergang-Automatik-Getriebe, das elektronisch gemanagt wurde. Es gab zwei Fahrprogramme, ein sportliches und ein komfortables.
Der *Passat GT* verfügte serienmäßig über eine Zentralverriegelung mit »Safe-Sicherung«, die bei den anderen Modellen optional bestellt werden konnte. Bei der »Safe-Sicherung« ließen sich die Türen bei eingeschalteter Zündung auch von innen nicht mehr öffnen.

VW Golf III

Bis zum Produktionsstart des *Golf III* brachte das Volkswagenwerk noch drei Sondermodelle auf den Markt: das *Golf Cabrio Sport-*, *Young-* und *Classic-Line* im März, den *Golf Pasadena* und das *Golf Cabrio »Weltmeister«* im Juni.
Der neue *Golf*, der nach den Werksferien in Produktion ging, setzte abermals Maßstäbe in der Klasse kompakter Automobile, in Sachen Sicherheit und Umweltverträglichkeit ebenso wie bei der Motorisierung und dem Fahrkomfort.
Alle weltweit geltenden Crash-Anforderungen wurden vom neuen *Golf* deutlich übererfüllt. Selbst die künftigen, verschärften US-amerikanischen Tests wurden mit Bravour bestanden, ebenso wie die Bedingungen, die erst *1993* zur Anwendung kommen sollten.
Trotz Gewichtszunahme wegen der erweiterten Sicherheits-Serienausstattung verbrauchte der neue *Golf* nicht mehr, sondern weniger Kraftstoff als sein bekannt sparsamer Vorgänger. Geringerer Luftwiderstand durch einen c_W-Wert von 0,30 und neue, durchweg hubraumstärkere Motoren ermöglichten zusammen mit einer angepassten Getriebeauslegung Verbrauchssenkungen um bis zu einem Liter pro 100 Kilometer.
Bereits im Lastenheft des *Golf III* wurde »recyclingfreundliches Konstruieren« festgeschrieben. Das ermöglichte nicht nur mehr Umweltschutz, sondern zudem Ressourcenschonung in der Fahrzeugproduktion.
Die Karosserieform des neuen *Golf* hatte einen großen Design-Schritt hin zur dynamischen Linie getan. Charakteristische Formen bestimmten sein äußeres

Der Golf der dritten Generation war noch einmal gewachsen, konnte aber seine Verwandtschaft zum Golf II nicht verleugnen.

Erscheinungsbild. In der Frontansicht bestimmten die neuen, lichtstarken Ovalscheinwerfer das *Golf-Gesicht.* Sie gaben Raum für Fortschritte in der Lichttechnik. In der Lichtausbeute legten sie um 50 Prozent zu, in der Ausleuchtung um 20.

Fließende Formen bestimmten die äußere Form des *Golf III.* Kanten gab es kaum, Markantes umso mehr: Bei Betrachtung schräg von vorn zeigte die Seitenansicht des neuen *Golf* eine fließende Linie. Relativ steil stehende Seitenscheiben verhinderten eine überflüssige Innenraumaufheizung.

Durch unterschiedliche Einpresstiefen schlossen die Räder des neuen *Golf* bündig mit der Karosserie ab. So standen die Basisreifen 175/70 R 13 genauso »satt« in der *Golf*-Haut wie die 205er beim *VR6.*

Ein weiteres Beispiel der neuen *Golf-Design-Linie* war die geschlossen gestaltete Stoßfängerschale. In die soliden Prallflächen, die im Unterbau gänzlich ohne Stahl auskamen, waren die Blinkleuchten, Nebelleuchten und, auf der rechten Seite, eine elegant verdeckte Aufnahme für die schraubbare Abschleppöse integriert.

Die Frontscheibe war minimal stärker geneigt als beim Vorgänger. Die Dachlinie folgte dem aerodynamischen Ideal der Tropfenform und fiel nach hinten leicht ab.

Zur Verbesserung des Partnerschutzes hatte der *Golf III* teilversenkte Scheibenwischer, die, gefällig in die Wagenform integriert, das Verletzungsrisiko für andere Verkehrsteilnehmer erheblich senkten. Einen Zugewinn an Sicherheit brachten auch die seitlichen Blinkleuchten, ein Ausstattungsdetail, das ab *Modelljahr 1992* alle Volkswagen serienmäßig besaßen.

Die neuen Scheinwerfer des Golf III verhalfen dem Fahrzeug zu einer um 50 Prozent verbesserten Lichtausbeute und zu 20 Prozent mehr Ausleuchtung der Fahrbahn.

Auch von hinten betrachtet war der Golf III wieder eindeutig als Golf erkennbar.

Die breite C-Säule signalisierte Sicherheit und Stabilität, ebenso wie die Türöffner, die zur sicheren Bergung nach einem Unfall als handfeste Griffe ausgelegt waren.

Auch hinten war der dritte *Golf* unverwechselbar ein *Golf* geblieben: mit typischen hoch angesetzten Leuchteinheiten, die klar gegliedert waren, mit einem sauberen Abschluss durch eine tief heruntergezogene Prallfläche aus wiederverwertbarem Kunststoff, die die hintere Abschleppöse verbarg, vor allem aber mit einer Ladekante, die bis auf den Stoßfänger abgesenkt wurde, ohne dabei der Karosserie die nötige Stabilität zu rauben.

An der Schnittstelle zum *Golf-Innenraum*, an den Türen, wurde eine Detailverbesserung nur bei Regen deutlich: Wassertropfen auf dem Sitz verhinderte eine geänderte Dichtleiste zuverlässig.

Das den Innenraum optisch bestimmende Cockpit war fahrerorientiert gestaltet, der Bereich rechts vom Lenkrad leicht angewinkelt. Dadurch waren die Bedienelemente für Heizung und Belüftung, das Radio und ähnliches stets leicht erreichbar. Selbst das Handschuhfach konnte der Fahrer ohne große Verrenkungen gut erreichen. Das Schloss dazu befand sich links am Deckel.

Übersichtliche Instrumente informierten über Geschwindigkeit, Uhrzeit, Tankinhalt und Kühlmitteltemperatur. Ab der *GT-Ausstattung* wurde anstelle der Analoguhr ein großer Drehzahlmesser mit integrierter Multifunktionsanzeige eingebaut. Im Tachometer zeigte eine elektronische Flüssigkristallanzeige die gefahrene Gesamt- oder Teilwegstrecke an. An der gleichen Stelle informierte die Service-Intervallanzeige den Fahrer.

Links vom Lenkrad fand der Kombi-Drehschalter für die Beleuchtung, die Nebelscheinwerfer und die Nebelschlussleuchte seinen Platz. Durch Rechtsdrehung

Die Instrumententafel war komplett überarbeitet und ergonomischer gestaltet worden. Alle Anzeigen und Schalter lagen für den Fahrer günstig und konnten ohne Probleme selbst bei angelegtem Sicherheitsgurt erreicht werden.

Mit dem VR6-Motor beschritt Volkswagen neue Wege und kombinierte die Vorteile eines V-Motors mit denen des Reihenmotors. Dadurch erreichte man bei geringer Baulänge einen hubraumstarken Motor, der dem Golf zu neuen Spitzenleistungen verhalf.

wurden zunächst das Begrenzungs- und dann das Fahrlicht eingeschaltet, durch Ziehen am Schalter in zwei Stufen wurden die Nebelscheinwerfer und die Schlussleuchte zugeschaltet.
Auch zur Bedienung von Heizung und Lüftung gab es Drehschalter, die sich rechts vom Lenkrad befanden. Das Gebläse war extrem leise. Auf Wunsch gab es einen Staub- und Pollenfilter.
Die Instrumententafel ab *GL-Ausstattung* war mit weicherem Schaum belegt und mit weicherer Folie bezogen.
Alle Säulen im *Golf III* waren vollständig verkleidet, der Formteilhimmel war ohne sichtbare Befestigungspunkte eingebaut. Klappbare Haltegriffe für die Passagiere waren im Dachhimmel versenkt. Verdeckt untergebracht war die serienmäßige Gurt-Höhenverstellung in der B-Säule – beim Viertürer auch in der C-Säule. Die Mittelkonsole reichte von der Armaturentafel bis zur Hinterkante der Vordersitze und wurde durch den Fondaschenbecher abgeschlossen.
Ergonomie und harmonisches Design standen auch bei der Gestaltung der Türverkleidungen im Vordergrund. Der Zuziehgriff nahm auch den Türöffner, den Spiegeleinstellknopf und ggf. die Schalter für die elektrischen Fensterheber auf. Die Türverkleidungen verfügten über große Ablagekästen und waren von Form und Farbe her vollständig in das gestalterische Konzept einbezogen.
Bereits die Basisversion des neuen *Golf* war mit Teppichboden ausgelegt. Im Kofferraum kleideten geformte Schaumteile den gesamten Seitenbereich aus und verhinderten Lackschäden an den Radhäusern. Der neue *Golf* war serienmäßig mit einem parallel höheneinstellbaren Fahrersitz ausgestattet. Natürlich gab es auch im neuen *Golf* einen variablen Kofferraum mit umklappbarer Rücksitzbank. Dabei wurde die Sitzfläche hinter die Vordersitze vorgeklappt. Die Rücksitzlehne erhielt eine stabile Blechrückwand.
Der *Golf CL* verfügte über eine funktional-komplette Basisausstattung mit seitlichen Blinkleuchten, Radblenden und zwei von innen einstellbaren Außenspiegeln. Innen waren die große Mittelkonsole, das abschließbare Handschuhfach, der höheneinstellbare Fahrersitz und die höheneinstellbaren Sicherheitsgurte serienmäßig. Der Gepäckraum war beleuchtet.
Der *Golf III GL* war luxuriös ausgestattet. Außen erhielt er lackierte Stoßfänger und Spiegelgehäuse, eine grüne Wärmeschutzverglasung, innen brillierte er mit hochwertigem Innentrim mit Velours oder Flachgewebe, einer weich geschäumten Armaturentafel und einem Vierspeichen-Lenkrad. Serienmäßig war auch die Zentralverriegelung mit »Safe-Sicherung«. Die Rückbank konnte geteilt umgelegt werden, das Handschuhfach war beleuchtet, die Innenleuchte reagierte mit einer zeitverzögerten Abschaltung, die Scheibenwischer waren stufenlos einstellbar.
Der *Golf GT/GT Spezial* war die sportliche Ausstattungsalternative. Zu ihr gehörten 6-J×14-Zoll-Stahlräder mit 185er-Bereifung, schwarze Radhaus- und Schwellerverbreiterungen, ein großer Frontspoiler, ein integrierter Dachkanten-Heckspoiler und grüne Wärmeschutzverglasung. Der *GT* mit 66 kW hatte auch hinten Scheibenbremsen und eine um 10 Millimeter tiefer gelegte Karosserie. Als *Golf GTD* legte Volkswagen abermals die Erfolgskombination Turbodiesel plus GT-Ausstattung auf, beim neuen *Golf* mit dem umweltfreundlichen Kat-Diesel.

Sieben Motoren von 1,4 bis 2,8 Liter (fünf Benziner, ausschließlich mit US-Kat sowie zwei Diesel, davon einer als Umweltdiesel mit Katalysator) spannten den Leistungsbogen des neuen *Golf* von 44 kW (60 PS) bis 128 kW (174 PS). An der Spitze fuhr dabei der *Golf VR6*. Er war der weltweit erste Kompaktwagen der unteren Mittelklasse mit einem drehmomentstarken Sechszylinder-Motor.

Alle *Golf-Motoren* bekamen deutlich mehr Hubvolumen mit auf den Weg. Vom 1,4-Liter-Einstiegsmotor (bisher 1,3 l) über das 55-kW-Aggregat (jetzt 1,8 l statt 1,6 l), die Diesel-Motoren (1,9 l statt 1,6 l) bis zum GTI-Motor mit 2,0 Liter anstelle 1,8 l Hubraum boten alle Maschinen mehr Drehmoment bei unteren und mittleren Drehzahlen. Das senkte den Kraftstoffverbrauch, ermöglichte eine ruhige, schaltarme Fahrweise und wirkte dadurch nicht zuletzt auch geräuschsenkend. Bis auf den 1,4-Liter-Motor besaßen alle neuen *Golf* serienmäßig ein Fünfgang-Schaltgetriebe.

Motor GTI	**1,4 Liter**	**1,8 Liter**	**1,8 Liter**	**2,0 Liter**
Bauart	4-Zylinder-Reihenmotor, wassergekühlt			
Hubraum (cm^3)	1391	1781		1984
Bohrung (mm)	75	81		82,5
Hub (mm)	78,7	86,4		92,8
Leistung (kW/PS)	44/60	55/75	66/90	85/115
Kompression	9,5 : 1	9,0 : 1	10,0 : 1	
Drehzahl (1/min)	5200	5000	5500	5400
Drehmoment (Nm 1/min)	107 bei 2800	140 bei 2500	145 bei 2500	157 bei 3800
Gemischaufbereitung	Monomotronic			Digifant
Fahrleistungen und Verbrauch				
Höchstgeschwindigkeit (km/h)	157	168	180	198
Beschleunigung 0–100 (sec)	16,3	14,0	12,1	10,1
Verbrauch (l/100 km)	6,8	7,4	7,6	7,8

Motor	**2,8 Liter (ab 1994: 2,9 Liter)**
Bauart	6 Zylinder VR-Motor, wassergekühlt
Hubraum (cm^3)	2792 (ab 1994: 2861)
Bohrung (mm)	81 (82)
Hub (mm)	90,3
Leistung (kW/PS)	128/174 (140/190)
Kompression	10,0 : 1
Drehzahl (1/min)	5800
Drehmoment (Nm 1/min)	235 bei 4200 (245 bei 4200)
Anordnung der Ventile	hängend, DOHC, Antrieb durch 2 Ketten
Gemischaufbereitung	Bosch Monotronic
Fahrleistungen und Verbrauch	
Höchstgeschwindigkeit (km/h)	224 (222)
Beschleunigung 0–100 (sec)	7,6 (8,1)
Verbrauch (l/100 km)	7,3–12,3

Motor	**1,9 Liter Diesel**	**1,9 Liter Turbo-Diesel**
Bauart	4-Zylinder-Reihenmotor, wassergekühlt	
Hubraum (cm³)	1896	
Bohrung (mm)	79,5	
Hub (mm)	95,5	
Leistung (kW/PS)	47/64	55/75
Kompression	22,5 : 1	
Drehzahl (1/min)	4400	
Drehmoment (Nm 1/min)	124 bei 2000	150 bei 2400
Gemischaufbereitung	Verteiler-Einspritzpumpe	Turbolader
Fahrleistungen und Verbrauch		
Höchstgeschwindigkeit (km/h)	156	165
Beschleunigung 0–100 (sec)	17,6	15,4
Verbrauch (l/100 km) (Verbrauch = Drittelmix)	5,8	

1992 wurde auch der 2,0-Liter-16V-Motor aus dem *Corrado* in den *Golf III* eingebaut.
Bereits im November gab es vom neuen *Golf* das Sondermodell *Function* und im Dezember den *Fashionline*.

VW Jetta

Größere Modellpflege-Maßnahmen wurden am *Jetta 1991* nicht vorgenommen. Es war das letzte Modelljahr des *Jetta*.

VW Scirocco

Der *Scirocco 1991* kam ohne ersichtliche Modellpflege ins nächste Jahr, ein Indiz dafür, dass man diesem Modell im Verkaufsprogramm längerfristig keine Bedeutung mehr beimaß.

VW Corrado

Der *Corrado* bekam im Herbst dieses Jahres den bereits auf anderen Märkten angebotenen 2-Liter-Motor auch in Deutschland. Dabei handelte es sich um einen 16V-Motor, der aus dem normalen 2,0-Liter-Motor entwickelt worden war und folgende Parameter aufwies:

Motor	**2,0 Liter 16V**
Bauart	4-Zylinder-Reihenmotor, wassergekühlt
Hubraum (cm³)	1984
Bohrung (mm)	82,5
Hub (mm)	92,8
Leistung (kW/PS)	100/136
Kompression	10,8 : 1
Drehzahl (1/min)	5800
Drehmoment (Nm 1/min)	180 bei 4400
Gemischaufbereitung	vollelektronisches Zünd- und Einspritzsystem (K-Motronic)
Fahrleistungen und Verbrauch	
Höchstgeschwindigkeit (km/h)	210
Beschleunigung 0–100 (sec)	9,3
Verbrauch (l/100 km)	6,7–12,3

Neu und den sportlichen Ambitionen gerecht wurde allerdings erst der ebenfalls in diesem Jahr eingebaute VR6-Motor, der für Sportwagen von Volkswagen neue Maßstäbe setzte:

Motor	2,9 Liter VR6
Bauart	VR-Sechszylindermotor
Hubraum (cm^3)	2861
Bohrung (mm)	82,0
Hub (mm)	90,3
Leistung (kW/PS)	140/190
Kompression	10,0 : 1
Drehzahl (1/min)	5800
Anordnung der Ventile	hängend, DOHC, Antrieb durch 2 Ketten
Drehmoment (Nm 1/min)	245 bei 4200
Gemischaufbereitung	elektronische Einspritzanlage (Motronic)
Fahrleistungen und Verbrauch	
Höchstgeschwindigkeit (km/h)	235
Beschleunigung 0–100 (sec)	6,9
Verbrauch (l/100 km)	7,2–13,6

Ab *1991* gab es für alle *Corrado-Modelle* ein 4-Stufen-Automatik-Getriebe mit einem Economy- und einem Sport-Programm.

VW Polo

Bereits im *September 1990* wurde der überarbeitete *Polo* vorgestellt, der sich durch eine neue Form außen und innen, leistungsstärkere, sparsamere Motoren und ein optimiertes Fahrwerk auszeichnete.
Die neuen Modellbezeichnungen waren die alten: *Polo CL, GL* und *Fox*. Die zweitürigen Modelle gab es als Steilheck und als Coupé. An der Spitze stand allerdings ein neues Modell, der *Polo G 40*.
Verglich man die Fahrzeugaußenabmessungen mit der Innenfläche, so war der *Polo* ein überzeugender Kompromiss zwischen Komfort und Transportaufgabe. Die neue Form der Karosserien hatte einen um fast 10 Prozent verbesserten c_W-Wert. Die Rechteck-Scheinwerfer und Blinkleuchten waren optimal in die Karosserie integriert. Diese Leuchteneinheit sorgte jetzt für eine verbesserte Lichtausbeute nach vorn.
Die Heckansicht des neuen *Polo*, ob schräg oder steil, wirkte aufgeräumt. Neue Leuchten, gerundete Heckklappe mit bündig eingeklebter Scheibe – beim Coupé sogar über den Rahmen gezogen – und neue Stoßfänger gaben der Heckpartie ein kompaktes Aussehen. Der äußere Eindruck, formal und funktional ein ganz neues Auto vor sich zu haben, setzte sich auch im Innenraum fort. Er empfing seine Insassen mit einer völlig neu gestalteten Armaturentafel, neuem Lenkrad, großen, gut ablesbaren Rundinstrumenten und Drehknöpfen zur Bedienung von Heizung und Licht. Der großzügige Armaturenbereich integrierte alle wesentlichen Bedienelemente fahrerorientiert, ohne deshalb den Beifahrer auszuschließen. Radio sowie Heizung/Lüftung waren von beiden Vordersitzen aus gut erreichbar.
Es gab reichlich Ablagemöglichkeiten und bereits ab dem *CL-Modell* eine Mittelkonsole als Verbindung von Armaturen und Bodengruppe mit weiterem Stauraum. Außerdem wurde hier eine Warm-/Kaltluftführung integriert.
Das *Polo-Motorenprogramm* wurde überarbeitet. Der Käufer hatte die Wahl zwischen vier kraftvollen Benzinern – alles Einspritztriebwerke mit geregeltem Katalysator – sowie einem sparsamen Diesel-Motor. Seine Nennleistung betrug 35 kW (48 PS). Das Leistungsspektrum der Benziner bewegte sich zwischen 33 kW (45 PS) und 83 kW (113 PS).
Neu war der 35-kW-(48-PS-)Diesel-Motor. Hier die Leistungsdaten:

Motor	1,4 Liter Diesel
Bauart	4-Zylinder-Reihenmotor, wassergekühlt
Hubraum (cm^3)	1398
Bohrung (mm)	75,0
Hub (mm)	79,1
Leistung (kW/PS)	33/48
Kompression	22,3 : 1
Drehzahl (1/min)	4500
Drehmoment (Nm 1/min)	85 bei 2700–3500
Gemischaufbereitung	Verteiler/ Einspritzpumpe
Fahrleistungen und Verbrauch	
Höchstgeschwindigkeit (km/h)	142
Beschleunigung 0–100 (sec)	19,5
Verbrauch (l/100 km)	5,7

Das stärkste Triebwerk im neuen *Polo*-Programm war schließlich der mechanisch aufgeladene G40-Motor, der aus 1300 cm³ Hubraum 83 kW (113 PS) holte. Auch er bediente sich des Digifant-Systems. Bereits 1986 gab es eine Sonderserie des *Polo G40*, mit der nicht zuletzt sehr erfolgreich am Motorsport teilgenommen wurde. Jetzt stellte der *G40* das Topmodell der *Polo*-Reihe dar.

Die Leistungsdaten des *Polo G40*, den es nur als Coupé gab, waren:

Motor	1,3 Liter G-Lader
Bauart	4-Zylinder-Reihenmotor, wassergekühlt
Hubraum (cm³)	1272
Bohrung (mm)	75,0
Hub (mm)	72,0
Leistung (kW/PS)	83/113
Kompression	8,0 : 1
Drehzahl (1/min)	6000
Drehmoment (Nm 1/min)	150 bei 3600–4400
Gemischaufbereitung	vollelektronisches Zünd- und Einspritz-System (Digifant), G-Lader, Ladeluftkühlung

Fahrleistungen und Verbrauch	
Höchstgeschwindigkeit (km/h)	196
Beschleunigung 0–100 (sec)	8,6
Verbrauch (l/100 km)	5,6–8,9

Das Fahrwerk wurde im Wesentlichen beibehalten, die Federung wurde jedoch vorn härter und hinten weicher abgestimmt. Außerdem wurde das Fahrwerk gegenüber dem *Polo GT* um 25 Millimeter abgesenkt. Die Räder bekamen ein neues Design und die Dimension 4,5 bis 5,5 × 13 Zoll. Die Bereifung hatte die Größe 145 R 13 S bis 175/60 R 13 H.

Die Kraftübertragung wurde von einem leistungsgerecht abgestuften Fünfgang-Getriebe übernommen. Auch in der Serienausstattung stellte der *Polo G40* die Spitze des neuen *Polo*-Programms dar. Dazu gehörten bei den 5,5×13-Zoll-Leichtmetallrädern von BBS serienmäßige Kotflügelverbreiterungen und Reifen der Dimension 175/60 R 13 H, ebenso wie das Sportlenkrad und eine dementsprechende Instrumentierung mit Drehzahlmesser und Digitaluhr. Die Sportsitze vorn waren in der Höhe einstellbar.

Von außen war der *G40* an den erwähnten Rädern und Reifen, aber auch an der Dachantenne sowie den G40-Emblemen erkennbar.

Das Polo Coupé G40 setzte neue Maßstäbe in der Kompaktwagen-Klasse. Der abgebildete Wagen war ein Versuchswagen, mit dem Rekorde gefahren wurden.

1992: VW Vento

Mitte 1992 kam ein neuer Volkswagen mit Stufenheck auf den Markt, der *Vento.* Er war der Nachfolger des *Jetta II.* Mit diesem Fahrzeug setzte Volkswagen wieder Maßstäbe bei der passiven Sicherheit. Der *Vento* war das erste Fahrzeug seiner Klasse, das serienmäßig über Airbags für Fahrer und Beifahrer verfügte. Motorisiert war der *Vento* mit vier Benzin- und zwei Dieselmotoren mit folgenden Leistungsdaten:

Motor	1,8 Liter	1,8 Liter	2,0 Liter	2,8 Liter	1,9 Liter Diesel	1,9 Liter Turbo-Diesel
Bauart	4-Zylinder-Reihenmotor, wassergekühlt			6-Zylinder-VR-Motor	4-Zylinder-Reihenmotor	
Hubraum (cm³)	1781		1984	2792	1896	
Bohrung (mm)	81,0		82,5	81,0	79,5	
Hub (mm)	86,4		92,8	90,3	95,5	
Leistung (kW/PS)	55/75	66/90	85/115	128/174	47/60	55/75
Kompression	9,0 : 1	10,0 : 1	10,4 : 1	10,0 : 1	22,5 : 1	
Drehzahl (1/min)	5000	5500	5400	5800	4400	4200
Drehmoment (Nm 1/min)	140 bei 2500	145 bei 2500	166 bei 3200	235 bei 4200	124 bei 2000–3000	150 bei 2400–3400
Anordnung der Ventile	hängend					
	OHC Antrieb durch Zahnriemen			DOHC durch 2 Ketten		
Gemischaufbereitung	Monomotronic		Digifant	Motronic	Verteiler Einspritzpumpe Katalysator	
	geregelter Katalysator					Abgas-Turbolader
Zusatzaggregate und Technik						
Batterie (V/Ah)	12/45		12/54		12/64	
Kupplung	Einscheiben-Trockenkupplung					
Getriebe	5 V, 1 R oder Automatik					
Antrieb	Frontantrieb, Motor vorn, Getriebe hinter der Vorderachse					
Vorderradaufhängung	McPherson-Federbeine, Querlenker, Schraubenfedern, (ab 66 kW Stabilisator)					

Hinterradaufhängung	Verbundlenkerachse (Stabilisator für GT, 85 kW und 128 kW)					
Bremse	Zweikreis-Diagonalbremse, Scheiben, vorn innenbelüftet, Trommel hinten bei 55, 66, 47, 55 kW, Scheiben bei 85 und 128 kW					
Felgenart	Stahl-Lochscheiben, 6 J × 14; 6,5 J × 15					
Abmessungen und Gewichte						
Reifengröße	185/60 R 14 H, (für 66 kW und GT 195/50 R 15 V, für 128 kW 205/50 R 15 V)					
Radstand (mm)	2475					
Länge (mm)	4380					
Breite (mm)	1695					
Höhe (mm)	1425 (66 kW GT 1415; 85 kW GT und 128 kW 1405)					
Höchstgeschwindigkeit (km/h)	168	180	198	225	156	165
Beschleunigung 0–100 (sec)	14,4	12,5	10,4	7,8	18,1	15,7
Leergewicht (kg)	1060–1265					
Tankinhalt (l)	55					
Verbrauch (l/100 km)	7,5–9,5	7,8–9,8	7,5–11,6	8,9	6,6–7	

Der Vento war das Nachfolgemodell für den Jetta.

Im Innenraum konnte der Vento seine Verwandtschaft zum Golf nicht leugnen.

Der Diesel-Motor mit Katalysator verminderte die gasförmigen Emissionen auf unter 0,08 g Partikel/ 100 km. Damit waren auch diese Motoren zeitlich von der Kfz-Steuer befreit.
Die Motoren wurden mit den Ausstattungen wie folgt kombiniert:

55 kW	CL, GL
66 kW	CL, GL, GT
85 kW	GL, GT Zweisitzer
128 kW	VR6
47 kW D	CL
55 kW D	CL, GL, GT.

Alle Benzin-Motoren konnten gegen Aufpreis mit einer elektronisch-hydraulisch gesteuerten Getriebe-Automatik geliefert werden, die über ein sportliches und ein ökonomisches Fahrprogramm verfügte. Der *Vento VR6* verfügte serienmäßig über ein elektronisch geregeltes ABS/EDS, das als Mehrausstattung auch für den GT und den 85-kW-Motor erhältlich war.
Das Breitspurfahrwerk des *Vento* kam unmittelbar dem Fahrverhalten zugute. Je nach Reifengröße bzw. Einpresstiefe der Felgen überzeugte das Fahrwerk durch seine Bündigkeit von Reifen und Karosserie auch optisch.
Für viele Kunden galt der *Vento* als Nachfolger des *Jetta*, was Volkswagen nicht unbedingt gern sah. Man wollte diesen Wagen als Nobelwagen in der Mittelklasse etablieren. Um diesen Eindruck zu unterstreichen, erhielt der *Vento* einen Kühlergrill mit Breitband-Rechteckscheinwerfern. Auch vom Platzangebot war der *Vento* gegenüber dem Vorgängermodell deutlich gewachsen. Das Komfortmaß betrug 1845 mm, der Gepäckraum fasste 550 Liter, und die Klappe war fast bis auf die Stoßfänger herabgezogen. Die Rücksitzlehne war im Verhältnis zwei Drittel zu einem Drittel umklappbar und vergrößerte so die Ladefläche beträchtlich. Sie war erstmals sogar im aufrechten Zustand abschließbar, um den Gepäckraum zu sichern.
Vom *Vento* gab es die *Ausstattungsstufen GT, GL* und *CL*. Serie in der *CL-Version* waren das Fünfgang-Getriebe, die Servolenkung, die umlegbare Rücksitzbank und -lehne, die 185/60-Breitreifen sowie die in der Wagenfarbe lackierten Stoßfänger. Option waren die drei Kopfstützen im Fond.
Die Seitenscheiben des *Vento* waren vollständig in die Karosserie versenkbar. Die Zuziehgriffe vorn waren der Türöffner, die Außenspiegel-Einstellung und ggf. der Schalter für die elektrischen Fensterheber in diese integriert. Außerdem besaßen die vorderen Türen große Ablagekästen.
Die Instrumententafel war leicht gebogen. Alle Bedienelemente lagen günstig zum Fahrer. Die Instrumentierung des *Vento* war mit Tacho, Analoguhr, Tankanzeige und Kühlwasser-Temperaturanzeige vollständig.
Der *GT* und der *VR6* verfügten zusätzlich über einen Drehzahlmesser, eine Multifunktionsanzeige im Tacho sowie eine LCD-Anzeige über gefahrene Kilometer bzw. Teilwegstrecke. In das gleiche Display war außerdem eine Service-Intervallanzeige integriert.
Links vom Lenkrad befand sich in der Armaturentafel ein Kombi-Drehschalter für Beleuchtung, Stand- und Fahrlicht. Durch Ziehen dieses Drehschalters schaltete man Nebelscheinwerfer und Nebelschlussleuchte ein. Rechts vom Lenkrad befanden sich drei Drehschalter für die Heizung und Lüftung. In die Ansaugkanäle für die Luft war ein Staub- und Pollenfilter eingebaut.
Das Handschuhfach war bereits in der Grundversion mit einem Deckel ausgestattet, der ab GL-Ausstattung abschließbar war. Da das Schloss links im Deckel angebracht war, konnte es vom Fahrersitz aus erreicht werden.
Der Fahrersitz war parallel-höhenverstellbar.
Einen *Vento syncro* gab es nicht.

1992: Modellpflege

VW Passat

In diesem Jahr erschien der *Passat VR6* mit einem kurz bauenden VR-Sechszylindermotor, der sich gut für den Quereinbau eignete. Dass Neue an diesem Motor war der kleine Zylinderwinkel, der das Aggregat trotz seiner sechs Zylinder nur unwesentlich länger werden ließ als ein Vierzylinder. Mit dem serienmäßigen Fünfgang-Getriebe war dieser Motor, dessen Leistungsdaten beim *Vento 1991* beschrieben wurden, ideal für den Einbau in den *Passat*.
Das Fahrwerk des *Passat VR6* wurde speziell auf den Motor abgestimmt, mit besonders sensibel ansprechenden Federn und reibungslosen Dämpfern mit einer weicheren Charakteristik.
Zur Serienausstattung des *Passat VR6* gehörten: Lederlenkrad, elektronischer Tacho, Drehzahlmesser, Multifunktionsanzeige, Zentralverriegelung, ABS, EDS, Leichtmetall-Räder der Größe 6 J × 15 mit Reifen der Dimension 205/50 R 15 V, eine im Verhältnis ein Drittel zu zwei Drittel klappbare Rückbank und -lehne sowie eine Klimaanlage. Damit war der *VR6* das unangefochtene Spitzenmodell in der *Passat-Reihe*.
Die übrigen Modelle verfügten ebenfalls über spezifische Ausstattungsdetails, der *GT* zusätzlich zur *CL-Ausstattung* über eine Zentralverriegelung, elektrisch einstellbare und beheizbare Außenspiegel und Leseleuchten für die Fondpassagiere. Die elektrisch einstellbaren Außenspiegel gehörten auch zum Serienumfang des *Passat GL*.
Der *Passat GT syncro G60* wurde dem Topmodell *VR6* angeglichen und erhielt einen Lederumfang mit Lenkrad, Handbremshebel, Schaltstulpe und Manschette sowie einen beleuchteten Zündschlüssel.

VW Golf

Da erst im Jahr zuvor ein neuer *Golf* auf den Markt gekommen war, mussten an diesem Fahrzeug noch keine größeren Modellpflege-Maßnahmen vorgenommen werden.

Die Motorisierung des *Golf* entsprach der des *Passat*. Die Motoren reichten von 1,4 Liter Hubraum bis zu 2,0 Liter. Die Topmotorisierung war der 2,8-Liter-VR6-Motor. Alle Motoren – bis auf das Basisaggregat – waren mit einem Fünfgang-Schaltgetriebe und einer Servolenkung kombiniert.
Ein Jahr nach der Markteinführung des *Golf III* gab es dieses Modell auch wieder mit dem bekannten und bewährten VR6-Motor, der dem Fahrzeug zu folgenden Fahr- und Verbrauchswerten verhalf:

Höchstgeschwindigkeit (km/h)	215
Beschleunigung 0–100 (sec)	8,7
Verbrauch (l/100 km)	7,3–12,3

Neben seinem durchzugsstarken VR6-Motor zeichnete sich der *Golf VR6* durch sein »Plus«-Fahrwerk aus, bei dem die Vorderachse überarbeitet worden war, sodass störende Antriebseinflüsse auf die Servolenkung unterbunden wurden. Im Einzelnen bekam der *VR6* eine steifere Auslegung der Servolenkung und eine angepasste Feder-/Dämpferabstimmung mit Gasdruckstoßdämpfern hinten.
Serienmäßig waren außerdem innenbelüftete Scheibenbremsen vorn und hinten, mit integrierter Feststellbremse, ABS und EDS. Außerdem besaß der *Golf VR6* Fünfloch-Felgen mit 15 Zoll Durchmesser und einer Breite von 6 bzw. 6,5 Zoll. Die Bereifung variierte von 196/60 R 15 beim *GTI* bis zu 205/50 R 15 beim *VR6*.
Das *Golf I Cabrio* verfügte in seinem letzten Baujahr serienmäßig über seitliche Blinkleuchten und eine programmierbare Scheibenwischer-Intervallschaltung. Optional konnte eine elektro-hydraulische Verdeckmechanik bestellt werden.
Auch *1992* setzte das Werk die Sondermodell-Reihe beim *Golf* fort. Im März kam der *Genesis* als Limousine und Cabrio, im Juni der *GTI Edition Blue* in einer Auflage von 1749 Stück, im August die *Cabrios Acapulco* und *Toscana*.

VW Scirocco

In diesem Jahr gab es lediglich noch den *Scirocco GT II*. Die Modellpflegemaßnahmen bei diesem Fahrzeug beschränkten sich auf nur noch wenige Details: die Rücksitze erhielten Automatik-Dreipunkt-Sicherheitsgurte, der Wagen bekam einen Spoiler. Spiegelgehäuse und Stoßfänger waren in der Wagenfarbe lackiert, und er bekam seitliche Blinkleuchten wie alle Volkswagen-Modelle. Außerdem waren die Wärmeschutz-Verglasung, die Wisch-Wasch-Automatik und die Metallic-Lackierung serienmäßig. Die Motorisierung beschränkte sich auf den 1,8-Liter-Motor mit 70 kW (95 PS).

VW Corrado

Das Modellprogramm des *Corrado* setzte sich aus drei von der Motorisierung bestimmten Modellen zusammen: *16V* Einstiegsmodell, *VR6* als Spitzensportler und *G60* Jet-Kompressor Sportwagen.

Bei der Ausstattung gab es zwischen den drei Modellen einige Unterschiede: Das Fahrwerk des *Corrado 16V* entsprach im Wesentlichen dem des *G60* und verfügte über ABS. EDS war allerdings eine Mehrausstattung. Serienmäßig waren die Leichtmetallräder, die Servolenkung, die elektrisch einstellbaren und beheizbaren Außenspiegel, die höheneinstellbaren Sportsitze mit dem Flachgewebe »Domino« und das umschäumte Sportlenkrad.

Der *Corrado G60* unter der Bezeichnung *G60 Jet* verfügte serienmäßig über Leichtmetallräder »Estoril« mit Reifen der Dimension 195/50 R 15.

Das Spitzenmodell *Corrado Jet Kompressor* war mit dem »Plus«-Fahrwerk wie beim *Golf VR6* und BBS-Felgen der Größe 6,5 J × 15 mit Reifen der Dimension 205/50 R 15 ausgestattet, verfügte über ABS und EDS und besaß ein Lederlenkrad, Schalthebelknauf, -manschette und Handbremshebel mit Lederüberzug, eine Rücksitzbank, die als Einzelsitz geteilt war, eine Zentralverriegelung und elektrische Fensterheber.

Zum Bedauern vieler Corrado-Freunde ging dieses elegante Cabrio nicht in Serie.

VW Polo

Auf dem Genfer Salon präsentierte Volkswagen im *März 1992* das *Polo Coupé Genesis,* ausschließlich in »Violett Touch Perleffekt« mit farblich abgestimmten, teillackierten Stoßfängern, violettem Dekorband und lackiertem Außenspiegel-Gehäuse. Dazu gab es BBS-Leichtmetallfelgen, Reifen der Dimension 175/60 R 13, weiße Blinkleuchten und partiell abgedunkelte Heckleuchten. Die Innenausstattung war auf das äußere Erscheinungsbild abgestimmt und bestand aus Stoff des Dessins »Sound« bei den Sitzbezügen sowie den Tür- und Seitenverkleidungen. Als besonderes »Extra« gab es einen Genesis-Schlüsselanhänger. Mit diesem Sondermodell dokumentierte Volkswagen seine Kooperation mit der Rockgruppe »Genesis«, deren internationale Tournee vom Unternehmen gesponsert wurde.

Die Verbindung zwischen der Rockgruppe und dem Sondermodell war durch die serienmäßige Soundanlage »Genesis« mit dem Radio »gamma« mit Aktiv-Lautsprechern, die einen besonders voluminösen Klang entwickelten, für jeden offensichtlich.

Motorisiert war das *Polo Coupé Genesis* mit Aggregaten von 40 kW (60 PS) bis 83 kW (109 PS). Ab 55 kW (75 PS) war auch das Fünfgang-Getriebe serienmäßig.

Darüber hinaus gab es vom *Polo* folgende Modelle, sowohl als Steilheck als auch als Coupé: *Fox, CL, GT, G40.* Es gab drei Ottomotoren mit geregelter Benzineinspritzung von 1,05 Litern bis 1,3 Litern Hubraum mit Leistungen von 33 kW bis 55 kW. Zusätzlich konnte das Coupé mit dem G40-Aggregat mit 83 kW motorisiert werden, während der 1,4-Liter-Dieselmotor mit einer Leistung von 35 kW für Steilheck und Coupé zur Verfügung stand.

Neu waren bei allen *Polo-Modellen* Versteifungen in den Türen, Dreipunkt-Automatikgurte auf den äußeren Rücksitzen und seitliche Blinkleuchten.

Zur *CL-Ausstattung* gehörten: Halterungen für Verbandskasten und Warndreieck im Kofferraum, die von innen einstellbaren Außenspiegel, eine Beifahrer-Sonnenblende mit Make-up-Spiegel, die feste Gepäckraumabdeckung und ein Dreispeichen-Lenkrad.

Der *Polo GT* verfügte über Sportsitze vorn, der Fahrersitz war höheneinstellbar.

Zum serienmäßigen Ausstattungsumfang des *Polo Coupé G40* gehörten Halogen-Nebelscheinwerfer, weiße Blinkleuchten vorn, partiell abgedunkelte Heckleuchten sowie ein Lederbezug für das Lenkrad, den Schalthebelknauf und die -stulpe.

Der Polo Genesis war ein beliebtes Sondermodell, das wegen seiner Soundanlage besonders der Jugend gefiel.

1993: Modellpflege

VW Passat

Der *Passat* ragte mit einem Sechszylindermotor weit über seine Klasse hinaus und gewann zunehmend Käufer aus höheren Marktsegmenten. Der *Passat VR6 »Exclusiv«* bot unter anderem wahlweise Komfort- oder Sportsitze mit besonderen Velours- oder Lederbezügen, elektrische Fensterheber vorn und hinten, höheneinstellbare Lenksäule und Radiovorbereitung, die acht Lautsprecher einschloss. Die äußere Exklusivität sicherten Außenspiegelgehäuse in Wagenfarbe, partiell abgedunkelte Heckleuchten, Dachantenne und eine Lackierung in Metallic oder Perleffekt.
Der Clou dieses Fahrzeugs war aber sein VR6-Motor mit folgenden Leistungsdaten:

Motor	**2,9 Liter**
Bauart	VR6-Zylinder-Motor, wassergekühlt
Hubraum (cm^3)	2861
Bohrung (mm)	82,0
Hub (mm)	90,3
Leistung (kW/PS)	140/190
Kompression	10,0 : 1
Drehzahl (1/min)	5800
Drehmoment (Nm 1/min)	245 bei 4200
Anordnung der Ventile	hängend, DOHC, Antrieb durch 2 Ketten
Gemischaufbereitung	elektronische Einspritzanlage Motronic
Fahrleistungen und Verbrauch	
Höchstgeschwindigkeit (km/h)	235
Beschleunigung 0–100 (sec)	6,9
Verbrauch (l/100 km)	7,2–12,8

Der Passat Variant III VR6 sah auch in seinem letzten Produktionsjahr noch attraktiv aus.

Neben diesem Spitzenaggregat standen alternativ die nachfolgenden Motoren zur Verfügung:

Motor	1,8 Liter	1,8 Liter	2,0 Liter	2,0 Liter 16V
Bauart	4-Zylinder-Reihenmotor, wassergekühlt			
Hubraum (cm³)	1781		1984	
Bohrung (mm)	81,0		82,5	
Hub (mm)	86,4		92,8	
Leistung (kW/PS)	55/75	66/90	85/115	100/136
Kompression	9,0 : 1	10,0 : 1		10,8 : 1
Drehzahl (1/min)	5000	5500	5400	5800
Drehmoment (Nm 1/min)	140 bei 2500	145 bei 2500	166 bei 3200	180 bei 4400
Gemischaufbereitung	Monomotronic		Digifant	KE-Motronic
Fahrleistungen und Verbrauch				
Höchstgeschwindigkeit (km/h)	171	177	191	206
Beschleunigung 0–100 (sec)	15,7	13,7	11,3	10,2
Verbrauch (l/100 km)	6,0–10,7	5,8–10,4	6,0–10,9	6,3–12,3

Motor	1,9 Liter Diesel	1,9 Liter Turbodiesel
Bauart	4-Zylinder-Reihenmotor, wassergekühlt	
Hubraum (cm³)	1896	
Bohrung (mm)	79,5	
Hub (mm)	95,5	
Leistung (kW/PS)	50/68	55/75
Kompression	22,5 : 1	
Drehzahl (1/min)	4400	
Drehmoment (Nm 1/min)	127 bei 2200–2600	140 bei 2400
Gemischaufbereitung	Einspritzpumpe Wirbelkammer	Einspritzpumpe Abgas-Turbolader
Fahrleistungen und Verbrauch		
Höchstgeschwindigkeit (km/h)	160	165
Beschleunigung 0–100 (sec)	19,0	17,7
Verbrauch (l/100 km)	4,7–7,5	4,7–7,6

VW Golf

1993 gab es den *Golf* mit den Ausstattungsvarianten *CL, GL, GT, GTD, GTI, GTI 16V* und *VR6,* die von sieben Ottomotoren mit elektronisch geregelter Benzineinspritzung von 1,4 Liter/44 kW bis 2,8 Liter/128 kW reichten. Außerdem gab es einen Katalysator-Dieselmotor mit 1,9 Liter/47 kW (64 PS) und einen Katalysator-Turbodieselmotor mit 1,9 Liter/55 kW (75 PS). Im Einzelnen hatten die Motoren die folgenden Leistungsdaten:

Motor	**1,4 Liter**	**1,6 Liter**	**1,8 Liter**	**1,8 Liter**
Bauart	4-Zylinder-Reihenmotor, wassergekühlt			
Hubraum (cm³)	1391	1598	1781	
Bohrung (mm)	75,0	76,5	81,0	
Hub (mm)	78,7	86,9	86,4	
Leistung (kW/PS)	44/60	55/75	55/75	66/90
Kompression	9,2:1	9,3:1	9,0:1	10,0:1
Drehzahl (1/min)	5200		5000	5500
Drehmoment (Nm 1/min)	107 bei 2800	126 bei 2600	140 bei 2500	145 bei 2500
Gemischaufbereitung	Monomotronic			
Fahrleistungen und Verbrauch				
Höchstgeschwindigkeit (km/h)	157	168	164*	180
Beschleunigung 0–100 (sec)	16,3	14,0	16,4	12,1
Verbrauch (l/100 km)	5,4–8,2	5,5–8,9	6,7–11,2	5,6–9,7

* Automatik-Getriebe

Motor	**2,0 Liter**	**2,0 Liter 16V**	**2,8 Liter VR6**
Bauart	4-Zylinder-Reihenmotor, wassergekühlt		
Hubraum (cm³)	1984		2792
Bohrung (mm)	82,5		81,0
Hub (mm)	92,8		90,3
Leistung (kW/PS)	85/115	110/150	128/174
Kompression	10,4:1	10,5:1	10,0:1
Drehzahl (1/min)	5400	6000	5800
Anordnung der Ventile	hängend		
	OHC	DOHC	DOHC
	Antrieb durch Zahnriemen		durch 2 Ketten
Drehmoment (Nm 1/min)	166 bei 3200	180 bei 4800	235 bei 4200
Gemischaufbereitung	Digifant		Motronic
Fahrleistungen und Verbrauch			
Höchstgeschwindigkeit (km/h)	198	215	225
Beschleunigung 0–100 (sec)	10,1	8,3	7,6
Verbrauch (l/100 km)	5,8–10,3	6,3–10,9	7,3–12,3

Motor	1,9 Liter Diesel	1,9 Liter Turbodiesel
Bauart	4-Zylinder-Reihenmotor, wassergekühlt	
Hubraum (cm³)	1896	
Bohrung (mm)	79,5	
Hub (mm)	95,5	
Leistung (kW/PS)	47/64	55/75
Kompression	22,5 : 1	
Drehzahl (1/min)	4400	4200
Drehmoment (Nm 1/min)	124 bei 2000–3000	150 bei 2400–3400
Gemischaufbereitung	Verteiler-Einspritzpumpe, Abgas-Turbolader	
Fahrleistungen und Verbrauch		
Höchstgeschwindigkeit (km/h)	156	165
Beschleunigung 0–100 (sec)	17,6	15,4
Verbrauch (l/100 km)	4,5–6,7	4,5–6,7

Die Serienausstattung, besonders beim *CL-Modell,* war erheblich aufgewertet worden. Zum Serienumfang gehörten jetzt ein abschließbares Handschuhfach, eine stufenlos einstellbare Scheibenwischer-Intervallschaltung, eine Innenleuchte mit Abschaltverzögerung und eine Leseleuchte vorn. Alle *Golf-Modelle* hatten einen Fahrer-Außenspiegel mit sphärischem Glas, der den toten Winkel vermied.

Den besonderen Ansprüchen in der neu geschaffenen *Golf-VR6-Klasse* kamen jetzt weitere serienmäßige Ausstattungsdetails entgegen: höheneinstellbarer Fahrersitz, geteilte Rücksitzbank, höheneinstellbare Lenksäule, beheizbare Scheibenwaschdüsen vorn.

Während die normalen *Golf-Modelle* über das serienmäßige Breitspur-Fahrwerk mit Frontantrieb verfügten, besaßen die *Golf-Versionen GTI, GTI 16V* und *VR6* serienmäßig ein speziell entwickeltes »Plus«-Fahrwerk. Dabei wurde die Vorderachse so überarbeitet, dass störende Antriebseinflüsse auf die Servolenkung unterblieben. Zusammen mit der Erhöhung des Nachlaufs und einem Nachlaufversatz ergaben sich ein hervorragender Geradeauslauf und eine reduzierte Spurrillenempfindlichkeit. Zusätzlich beinhaltete das »Plus«-Fahrwerk eine steifere Auslegung der Servolenkung und eine angepasste Feder-/Dämpferabstimmung mit Gasdruckstoßdämpfern hinten. *Golf VR6* und *GTI 16V* verfügten darüber hinaus serienmäßig über ein elektronisch geregeltes ABS sowie die ebenfalls elektronische Differenzialsperre EDS. Die Räder für das »Plus«-Fahrwerk hatten eine Fünfloch-Verschraubung. Verwendet wurden durchweg 15-Zoll-Räder mit 6 oder 6,5 Zoll Breite, die mit Reifen der Größe 195/50 R 15 *(GTI)* bzw. 205/50 R 15 (*GTI 16V* und *VR6*) bestückt waren.

Golf Ecomatic

Eine serienreife Öko-Antriebstechnik präsentierte Volkswagen als weltweit erster Autohersteller. Bei lediglich 4,6 l/100 km im Stadtzyklus sowie 4,9 l/100 km im Drittelmix lagen die DIN-Verbrauchswerte der ausschließlich im *Golf Ecomatic* eingesetzten Technik. Ihr Prinzip: Ein Dieselmotor mit 47 kW (64 PS) wurde durch eine Automatik immer dann abgeschaltet, wenn das Auto seinen Antrieb nicht brauchte – beim Halt vor der roten Ampel, beim Ausrollen oder

beim Bergabfahren. Daraus ergaben sich nicht nur äußerst niedrige Verbräuche, sondern auch erheblich weniger Schadstoffemissionen.
Der *Golf Ecomatic* zeigte neben dem neuen Turbodiesel-Direkteinspritzer (TDI), welche Anstrengungen Volkswagen unternahm, um den von der Bundesregierung bis zum Jahre 2005 angestrebten Verbrauchsdurchschnitt einer Neuwagenflotte von 5 bis 6 l/100 km zu erreichen sowie immer strengere Abgasemissionswerte zu erfüllen.
Die Kernpunkte der neuen Schwung-Nutz-Technik *»Ecomatic«* (*Eco*nomy und Auto*matic*) waren:

- Die Kupplung, die beim Gaswegnehmen die Verbindung von Motor und Fahrzeug trennte.
- Die Automatik, die den Motor stillsetzte, wenn der Fahrer den Fuß vom Gaspedal nahm, und ihn anließ, wenn er wieder Gas gab.

Die Kupplung wurde von einem Unterdruck-Servogerät bedient. Gesteuert wurde dieses von einer Elektronik, die Befehlszentrale für das gesamte Ecomatic-System war. Sie setzte den Motor bei losgelassenem Gaspedal still und ließ ihn an, wenn der Fahrer wieder Gas gab. Außerdem sorgte sie für eine große Zahl von Sicherheits- und Hilfsfunktionen.
Der *Golf Ecomatic* war damit eine besonders interessante Alternative für einen Zweitwagen, aber auch für Behörden- und Firmenfahrzeuge, die vorwiegend in dicht besiedelten Gebieten eingesetzt wurden. Gleichwohl gab es keinerlei Einschränkungen in der Langstreckentauglichkeit.
Volkswagen lieferte den *Golf Ecomatic* zwei- und viertürig in der *CL*- und *GL-Version*, wobei sich Serien- und Sonderausstattungen kaum von denen der leistungsgleichen *Golf* Diesel ohne *Ecomatic* unterschieden.
Die technischen Daten des *Golf Ecomatic* waren:

Motor	**1,9 Liter Diesel**
Bauart	4-Zylinder-Reihenmotor, wassergekühlt
Hubraum (cm^3)	1896
Bohrung (mm)	79,5
Hub (mm)	95,5
Leistung (kW/PS)	47/64
Kompression	22,5 : 1
Drehzahl (1/min)	4400
Drehmoment (Nm 1/min)	124 bei 2000–3000
Gemischaufbereitung	Verteiler-Einspritzpumpe, Katalysator
Fahrleistungen und Verbrauch	
Höchstgeschwindigkeit (km/h)	156
Beschleunigung 0–100 (sec)	18,0
Verbrauch (l/100 km)	4,2–6,0

Golf Variant

Nach dem *Golf* in zwei- und viertüriger Version und nach dem Cabrio erweiterte Volkswagen jetzt erneut das Angebot in dieser Klasse: Mit dem *Golf Variant* brachten die Wolfsburger erstmals einen Kombi in der Kompaktklasse.
Der *Golf Variant* startete in einem Segment, das hohe Zuwachsraten verzeichnete. Allein in Deutschland wuchs der Marktanteil von Kombis in den vorangegangenen vier Jahren von 8,6 auf 13,4 Prozent.
Der ausschließlich viertürig angebotene *Variant* war zwölf Zentimeter länger als der *Golf*. Das schaffte die Basis für einen wahrhaft einladenden Typ: Das Gepäckraumvolumen war mit 466 Litern über 40 Prozent größer als beim Golf. Bei vorgeklappten Rücksitzen (sie waren asymmetrisch geteilt) entstand eine 164 Zentimeter lange, ebene Fläche. Das maximale Volumen belief sich auf 1425 Liter. Die Durchladebreite zwischen den Radkästen betrug einen Meter.
Das Dach war fast in voller Höhe bis zur Hecktür gezogen, die steiler stand als die Klappe bei der Limousine. Die Hecktür war bis auf die Stoßfläche hinabgezogen. Sie schwang – von zwei Gasfedern unterstützt – so hoch auf, dass auch für Großgewachsene keine Gefahr bestand, dass sie sich den Kopf stießen. Beim *GT Spezial* gab es serienmäßig eine variable Gepäckraumabdeckung, die sich leicht herausnehmen, aber auch wie eine Ziehharmonika zusammenschieben ließ, sodass sie fast keinen Raum beanspruchte.

Der Golf Variant war nicht nur optisch ein ansprechendes Fahrzeug, sondern zeichnete sich mit seiner großen Ladefläche vor allem durch einen hohen Nutzwert aus.

Auch von hinten betrachtet vermittelte der Golf nicht den Eindruck eines »Nutzfahrzeugs«, sondern war immer noch ein Pkw.

Die Abmessungen des *Golf Variant* waren folgende:

Abmessungen und Gewichte	
Felgen	6 J × 14
Reifen	185/60 R 14 H
Länge (mm)	4340
Breite (mm)	1695
Höhe (mm)	1430
Spurweite vorn/hinten (mm)	1478/1462
Radstand (mm)	2475
Leergewicht (kg)	1160
Zul. Gesamtgewicht (kg)	1660

Mit diesen Maßen bot der *Golf Variant* einen besonders großen Innenraum in der populären Klasse. Dennoch sah er nicht wie ein »Nutzfahrzeug« aus. Im Gegenteil: Die längere Karosserie wirkte organisch, das Heck war bewusst leicht abgeschrägt. Mit seiner stattlichen Erscheinung ordnete sich der *Golf Variant* fast eine Klasse höher ein als die Limousine. Dementsprechend war die Ausstattung, unter anderem serienmäßig mit Fünfganggetriebe, Drehzahlmesser und höheneinstellbarem Fahrersitz.

Die anerkannte *Golf*-Technik wurde für den Variant weigehend übernommen. Technische Abweichungen ergaben sich aus Maßnahmen, die kombispezifisch waren. So wurde die Hinterachse der höheren Last angepasst. Die Federbeine wurden kleiner, was der Durchladebreite zugute kam. Raumoptimierte Federdämpfer mit unten angeordneten Federn führten zu besonders kleinen Federbeindomen. Die Lager waren so ausgelegt, dass sie in scharf gefahrenen Kurven »spurkorrigierend« in das Fahrverhalten eingriffen.

Die längere Karosserie und die raumsparende Hinterachse ermöglichten ein 60-l-Tankvolumen. Mit dem sparsamsten Motor, dem Turbodiesel-Direkteinspritzer (TDI), erhöhte sich deshalb die Reichweite auf 1100 Kilometer.

Den neuen *Golf Variant* gab es in drei Ausführungen – von *CL* über *GL* bis *GT*, die in ihrer Ausstattung mit der Limousine übereinstimmten. Der *GT* stellte mit seinem »Spezial-Paket« das Topmodell exklusiver Art dar – bei ihm war wahlweise sogar eine Klimaanlage oder ein elektrisches Schiebe-Ausstelldach serienmäßig.

Bei der Karosserie des *Golf Variant* verzichtete man zugunsten des Designs bewusst auf eine Maximierung des Ladevolumens. Mit seinen sehr großen Glasflächen wirkte das Fahrzeug gestreckt, die Linienführung betonte Länge und Breite.

Das Motorenprogramm entsprach im Wesentlichen dem der *Golf Limousine* – den 2,9-Liter-Motor gab es allerdings nicht. Dafür bekam der *Golf Variant* ab *Januar 1994* den TDI-Motor mit 66 kW (90 PS), mit dem der Wagen eine Höchstgeschwindigkeit von 176 km/h erreichte, bei einem Verbrauch von nur lediglich 5,3 Liter/100 km im Drittelmix. Die Fahrleistungen und Verbräuche der übrigen Motoren entsprachen im Wesentlichen denen der Limousine.

Der *Variant* hatte eine Nutzlast im Bereich von 500 Kilogramm – wobei der exakte Wert von der Motorisierung im Einzelnen von der Ausstattung sowie vom Zubehör abhing.

VW Vento

Beim *Vento* wurden zum *Modelljahr 1993* einige Aufwertungen der *CL-Version* vorgenommen. Dazu zählten Doppeltonhorn, stufenlose Intervallschaltung für die Scheibenwischer, Innenleuchte mit Abschaltverzögerung und Leseleuchte vorn. Den sphärischen Außenspiegel erhielten alle *Vento-Modelle*.

Als Serienausstattung des *VR6* kamen der höheneinstellbare Beifahrersitz sowie die höheneinstellbare Lenksäule und beheizbare Scheibenwaschdüsen hinzu. Motorisiert war der *Vento* mit vier Ottomotoren mit elektronisch geregelter Benzineinspritzung von 1,8 l/55 kW (75 PS) bis 2,8 l/128 kW (174 PS) sowie zwei Dieselmotoren von 1,9 Liter Hubraum, einer davon mit Abgas-Turboaufladung. Diese Motoren waren mit den beim *Golf* beschriebenen identisch.

Die Fahrzeuge unterschieden sich allerdings durch ihre Fahrleistungen von den Schrägheck-Modellen:

Fahrleistungen und Verbrauch	1,8 Liter	1,8 Liter	2,0 Liter 16V	2,8 Liter VR6
Höchstgeschwindigkeit (km/h)	168	180	198	225
Beschleunigung 0–100 (sec)	14,4	12,5	10,4	7,8
Verbrauch (l/100 km)	5,8–9,5	6,0–9,9	6,0–10,5	7,3–12,5

Fahrleistungen und Verbrauch	1,9 Liter Diesel	1,9 Liter Turbodiesel
Höchstgeschwindigkeit (km/h)	156	165
Beschleunigung 0–100 (sec)	18,1	15,7
Verbrauch (l/100 km)	4,9–7,0	4,9–7,0

Der Vento VR6 war sehr leicht an seinem Heckspoiler zu identifizieren.

VW Corrado

Im *Corrado* wurden zum *Jahrgang 1993* die Bedienungselemente in der Armaturentafel und in der Türverkleidung neu gestaltet. Dazu gehörten Drehknöpfe und Schalter im neuen Design, die Umstellung auf eine griffgünstigere Heizungs- und Frischluftbedienung als Drehschalter sowie eine ergonomisch bessere Platzierung der Schalter für die elektrische Bedienung von Fensterhebern und Außenspiegeln.
Mit einer Komfortschließung des elektrischen Schiebe-/Ausstelldachs wurde dessen Bedienung abermals erleichtert. Dazu musste der Schlüssel beim Abschließen lediglich in der Schließposition gehalten

werden, bis das Schiebedach geschlossen war. Bei Fahrzeugen mit Zentralverriegelung funktionierte die Komfortschließung auch von der Beifahrerseite.
Der *Corrado VR6* rollte auf Leichtmetallrädern im »Speedline«-Design. Eine Sonderausstattung waren die Leichtmetallräder »Brands Hatch«.
Für den *Corrado G60* war die Innenausstattung »Domino« in Schwarz und Platin lieferbar.
Der *Corrado VR6* verfügte serienmäßig über ein Fünfgang-Getriebe. Wahlweise war auch eine Vierstufen-Automatik erhältlich. Der Sechszylinder-Motor des *Corrado VR6* erhielt eine vollelektronische Zündanlage mit ruhender Spannungsverteilung. Für jeweils zwei Zylinder wurde eine Zündspule verwendet. Ein Zündverteiler war ebenso überflüssig wie lange Zündkabel.
Der *Corrado VR6* verfügte über das »Plus«-Fahrwerk. ABS war serienmäßig, für besseren Vortrieb sorgte die elektronische Differenzialsperre EDS.
Corrado 16V und *Corrado G60* hatten das gleiche Fahrwerk: Frontantrieb mit Servolenkung, 15-Zoll-Fahrwerk mit sportlicher Abstimmung, Breitreifen 195/50 R 15 auf Sechs-Zoll-Leichtmetallfelgen. Die Bremsanlage verfügte serienmäßig über ABS, EDS war als Sonderausstattung lieferbar.

VW Polo

Das Gesicht des *Polo* prägten die Rechteck-Scheinwerfer mit den integrierten Blinkleuchten.
Im Innenraum empfing der *Polo* seine Insassen mit großen, gut ablesbaren Rundinstrumenten und Drehschaltern zur Bedienung von Heizung und Lüftung. Erstmals wurde am Tachometer eine 30-km/h-Marke besonders hervorgehoben. Der großzügige Armaturenbereich integrierte alle wesentlichen Bedienelemente fahrerorientiert, ohne deshalb den Beifahrer auszuschließen. Radio sowie Heizung und Lüftung waren von beiden Vordersitzen aus gut erreichbar.
Auch das Basismodell *Fox* bot eine Beifahrer-Sonnenblende mit Make-up-Spiegel und eine feste Gepäckraumabdeckung, die *CL-Ausstattung* zusätzlich eine seitliche Gepäckraum-Verkleidung. Beim *GT-Modell* mit serienmäßigen Sportsitzen vorn war der Fahrersitz höheneinstellbar.
Die Motorisierung wurde aus den Vorjahren übernommen.

Dauerhaften Schutz gegen Umwelteinflüsse boten die umfangreichen Korrosionsschutzmaßnahmen an der Karosserie. Der Lack wurde auf einer Tauchgrundierung in fünf Schichten aufgebaut. Die Hohlräume waren durch eine lösemittelfreie Heißwachsflutung versiegelt. Kunststoffschalen in den Radhäusern schützten vor Steinschlagschäden.
Im *August 1993* wurde das Serienprogramm des *Polo* durch attraktive Sondermodelle ergänzt. Drei zusätzliche Modelle erweiterten das Angebot:
Der *Polo »Scot«* mit der neuen Innenausstattung »Modekaro« bot serienmäßig Radio, 155er-Reifen und Fünfgang-Getriebe. Er war ab DM 17 990 zu haben. Für den Kunden ergab sich daraus ein Vorteil von DM 1250.
Der *Polo CL »Extra«* erhielt serienmäßig und ohne Preisänderung Schiebedach, 155er-Reifen, Fünfgang-Getriebe, den höheneinstellbaren Fahrersitz sowie eine Wärmeschutzverglasung. Den *Polo CL »Extra«* Steilheck bot Volkswagen für DM 19 090 an. Der Preisvorteil betrug hier rund DM 2100.
Beim *Polo GT »Extra«* in der Coupé-Version wurde die Serienausstattung reichhaltig abgerundet. Ohne Preisänderung hatte der *GT »Extra«* zusätzlich aufzuweisen: Schiebedach, Wärmeschutzverglasung, Fünfgang-Getriebe, Radiovorbereitung mit vier Lautsprechern und Dachantenne, Teillederausstattung (Lenkrad, Schalthebel), teilweise abgedunkelte Heckleuchten und weiße Blinkleuchten vorn. Das *Polo Coupé* mit 40 kW (55 PS) kostete DM 22 250. Das entsprach einem Kundenvorteil von DM 2360.
Dem Spitzenmodell der *Polo-Familie,* dem *G40,* gab Volkswagen Schiebedach und Wärmeschutzverglasung zur bisher schon umfangreichen Serienausstattung dazu. Aus dem unveränderten Grundpreis von DM 28 080 ergab sich für den Kunden ein Preisvorteil von DM 1390.
Bis auf den *Polo GT »Extra«* und den *Polo G40,* die nur als Coupé lieferbar waren, rollten alle *Polo-Versionen* wie bisher als Steilheck oder Coupé vom Band. Die Palette der Vierzylinder-Motoren reichte unverändert vom 1,05-Liter mit 33 kW (45 PS) bis zum 1,3-Liter mit 83 kW (113 PS) beim G40. Der 1,4-Liter-Diesel-Motor mit 35 kW (48 PS) war in diesem Motorenangebot enthalten.
Die Sondermodelle *Polo »Style«* und *Polo »Boulevard«* wurden mit aufgewerteter Ausstattung weiterhin angeboten.

Ausblick

Schon Mitte der *1980er-Jahre* war eines klar geworden, was sich bis in die *1990er-Jahre* bestätigte: Das Modellprogramm des Volkswagenwerks hatte Zukunft. Die Fahrzeuge entsprachen dem Kundengeschmack, und die Technik gehörte immer zu dem Fortschrittlichsten, was es auf dem Markt gab. Nach einer lebensbedrohenden Krise Mitte der *1970er-Jahre* stand das Volkswagenwerk jetzt wieder gesichert und für die kommenden Jahrzehnte gut gerüstet da, zumal das bisherige Programm erst der Beginn eines Feuerwerks von neuen Modellen war, das in den kommenden Jahren gezündet werden sollte und immer neue Marktsegmente erschloss.

Um diesen Fortschritt sicherzustellen, entwickelte das Unternehmen seit Beginn der *1970er-Jahre* diverse Forschungsfahrzeuge, die ausschließlich dazu dienten, Zukunftstechnologien auszuloten und, sofern wirtschaftlich und technisch möglich, fließend in die Serienfahrzeuge zu übernehmen. Der erste echte Forschungs-Volkswagen war der *ESVW I* (Experimental Safety Volkswagen), der neue Sicherheitsstandards in der Automobilindustrie schlechthin setzte. Ihm folgten der *ESVW II* und der *IRVW I* (Integrated Research Volkswagen) auf der Basis des *Golf* und der *IRVW II* mit dem *Passat* als Ausgangsfahrzeug, deren Technologie weit über die bloßen Sicherheitsaspekte hinausgingen und Faktoren wie Wirtschaftlichkeit und Umweltfreundlichkeit berücksichtigten.

1980 folgte der *ARVW* (Aerodynamic Research Volkswagen), eine silbergraue Riesenzigarre, die mit einem c_W-Wert von nur 0,15 diverse Weltrekorde für Dieselfahrzeuge aufstellte, bei gleichzeitig extrem niedrigem Treibstoffverbrauch. Treibstoff-Verbrauchsminimierung war ein Thema, das Volkswagen *1982* abermals mit seinem *SMVW* (Sparmobil von Volkswagen) aufgriff, ein Fahrzeug, das mit seinem Einzylinder-Dieselmotor von 25,7 cm^3 Hubraum hochgerechnet 1491 Kilometer mit einem Liter Diesel fahren konnte.

Neben diesen Extremen gab es weitere Forschungsfahrzeuge wie das *Auto 2000*, den *See-Golf*, den *Bi-Motor-Scirocco* oder den *Polo Sprint*, mit denen die Forscher weit in die Zukunft des Automobils dachten, um das Fahren mit Volkswagen auch in der Zukunft wirtschaftlich, umweltfreundlich und sicher zu machen.

Der ESVW I war der erste Forschungs-Volkswagen. Seine Themenstellung war ausschließlich Sicherheitsfragen gewidmet.